SPEKTRALANALYTISCHE UNTERSUCHUNGEN VON HAARFARBEN.

VON DER

TECHNISCHEN HOCHSCHULE MÜNCHEN

ZUR ERLANGUNG DER WÜRDE

EINES

DOKTORS DER TECHNISCHEN WISSENSCHAFTEN

GENEHMIGTE ABHANDLUNG

VORGELEGT VON

DIPLOMLANDWIRT LEOPOLD KRÜGER

AUS STUTTGART

Springer-Verlag Berlin Heidelberg GmbH 1929

ISBN 978-3-662-39416-8   ISBN 978-3-662-40479-9 (eBook)
DOI 10.1007/978-3-662-40479-9

Berichterstatter:
Professor Dr. phil. Heinz Henseler

Mitberichterstatter:
Geh. Regierungsrat Professor Dr. phil. Theodor Henkel

Tag der Einreichung der Arbeit: 1. Dezember 1926
Tag der Annahme der Arbeit: 2. Dezember 1926

Erschienen im „Wissenschaftlichen Archiv für Landwirtschaft",
Abt. B, Tierzucht, Bd. 1, 1929

Vorwort.

Der biologische Teil der Arbeit wurde im Institut für Tierzucht und Züchtungsbiologie der Technischen Hochschule München ausgeführt. Der Vorstand des Laboratoriums, Prof. Dr. *Henseler*, hat diese Arbeit angeregt und mir bei der Durchführung weitgehendste Unterstützung zuteil werden lassen. Es sei mir daher gestattet, Herrn Prof. Dr. *Henseler* auch an dieser Stelle für das außerordentlich große Entgegenkommen meinen ergebensten Dank zum Ausdruck zu bringen.

Der physikalische Teil der Untersuchungen wurde in der physikalischen Lehrmittelsammlung mit optischer Prüfungsstation bearbeitet. Herr Prof. Dr. *K. T. Fischer* hat trotz anderweitiger starker dienstlicher Inanspruchnahme als Vorstand des Landesamtes für Maß und Gewicht der Arbeit stets großes Interesse entgegengebracht und in liebenswürdiger Weise Instrumente und Apparate zur Verfügung gestellt. Es ist mir daher ein Bedürfnis, Herrn Prof. Dr. *K. T. Fischer* auch hier meinen verbindlichsten Dank auszusprechen.

Dank schulde ich auch Herrn Geheimen Regierungsrat Prof. Dr. *Th. Henkel*, Vorstand der Hauptversuchsanstalt für Landwirtschaft mit agrikulturchemischem Unterrichtslaboratorium, für die gütige Erlaubnis, in seinem Institut die notwendigen Versuche durchzuführen, und Herrn Geheimen Regierungsrat Prof. Dr. *Hans Fischer* für die freundliche Überlassung von Porphyrinen.

Außerdem wurde ich in weitestem Maße bei meinen Arbeiten von Herrn Dr. *v. Oven*, Direktor der Trockenplattenfabrik Otto Perutz, München, Herrn Prof. Konservator Dr. *Leisewitz*, Zoologische Sammlung des Bayer. Staates und *Agfa*-Werke, Berlin, unterstützt; auch ihnen danke ich verbindlichst.

München, den 1. Dezember 1926. *Der Verfasser.*

Inhaltsverzeichnis.

I. Körperfarbe und Haarfarbe (S. 85).
Schluckung, Helmholtz im Gegensatz zu Hering-Ostwald, Physiologie und Psychologie des Auges, Theorien des Sehempfindens, Strukturfarben, Spiegelung, Durchsichtigsein, Durchscheinendsein, Glanz usw. in Beziehung zur Haarfarbe.
II. Das tierische Pigment und die Haarfarbe (S. 92).
Wesen des Pigments, Arten des Pigments, Einteilung der Pigmente, mikrochemische Unterscheidungsmerkmale, Blochs Dopatheorie, Arbeiten von Steiner-Wourlisch, Tappe und Widmer.
III. Eigene Versuche mit „Haarfarblösungen" (S. 98).
Vorversuch, Hauptversuche. Herstellung von Farben im maltechnischen Sinne aus Haarsubstanzteilchen mittels Leinölfirnis. Ergebnisse und Folgerungen.
C. Spektralanalytische Untersuchungen (S. 100).
I. Zur Theorie der Restspektren (S. 100).
1. Allgemeine Übersicht (S. 100).
Vorkommen, Arten, Charakteristik, Endschluckung und Haarfarben.
2. Ursachen und Veränderlichkeit der Schluckungsspektren (S. 103).
Theorie, Konstitutionsforschung.
3. Gewinnung von Schluckungsspektren (S. 103).
II. Spektralanalytische Untersuchungen von Haarfarben (S. 104).
1. Rückwurfsspektren von Haarfarben (S. 104).
Überlegung, Ausführung, Beispiele.
2. Restspektren von Flüssigkeiten bei durchgehendem Licht (S. 105).
Blut, Porphyrine, Auszüge.
Zusammenstellung mit Rückschluß auf Haarfarbe (S. 110).
3. Restspektren von Haaren (chemisch unverändert) bei durchgehendem Licht (S. 111).
Vergebliche Versuche am Haar in natürlicher Form (S. 111).
Pressen der Haare, Methode (S. 111).
Untersuchung von mehreren Preßhaaren (S. 112).
Untersuchung von einem Preßhaar mittels a) selbstgefertigtem Spiegelspalt, b) selbstgefertigter Blechspaltblende. Methode, Erwähnung der möglichen Fehler (S. 112).
Beispiele von Haarfarbenspektren. (Es wurde versucht, die ganze Skala der bei unseren Haustieren vorkommenden Haarfarben zusammenzustellen; daneben noch Haare von Affen, Mensch, Eisbär, Jak, Sus barbaturs.) (S. 114.)
Auswertung dieser Beispiele (S. 114—117).
D. Zusammenfassung der Ergebnisse (S. 117).

Die Arbeiten wurden durchgeführt in den Instituten der Technischen Hochschule München:

1. Im Institut für Tierzucht und Züchtungsbiologie; Vorstand: Prof. Dr. *H. Henseler*.

2. In der Physikalischen Lehrmittelsammlung mit optischer Prüfungsstation; Vorstand: Prof. Dr. *Karl T. Fischer*.

3. In dem Mechanisch-technischen Laboratorium; stellvertretender Vorstand: Prof. Dr. *Föppl*.

4. In der Versuchsanstalt und Auskunftsstelle für Maltechnik; Vorstand: Prof. Dr. *Eibner*.

5. In der Hauptversuchsanstalt für Landwirtschaft mit Agrikulturchemischem Unterrichts-Laboratorium; Vorstand: Geh. Reg.-Rat Prof. Dr. *Henkel*.

Einleitung.

Die Erscheinung „Farbe" ist noch keineswegs geklärt. *Leonardo da Vinci*, dessen Handschriften uns noch heute Zeugnis seiner umfassenden Kenntnisse geben, stellte schon farbanalytische Untersuchungen an, der universale Geist eines *Goethe* konnte es sich nicht versagen, wenn auch mit wenig Glück, hier einzugreifen, und der große Philosoph *Schopenhauer* beschäftigt sich in seiner Erkenntnislehre besonders auch mit diesem Gebiet unseres Empfindens. Der Gründer wissenschaftlicher Farbenlehre aber ist *Newton*, dessen grundlegende Versuche den Ausgangspunkt der klassischen Arbeiten *Fraunhofers* bilden, die moderne Spektralanalyse begründeten. *Helmholtz, Maxwell*, der Mathematiker *Tobias Mayer*, der Physiologe *Hering* und in neuester Zeit *Wilhelm Ostwald*, um nur einige Namen zu nennen, haben die Erkenntnis der Farben erweitert und ausgebaut.

Das tierische Pigment spielte bereits im Altertum eine große Rolle. 6.6-Dibromindigo,*Purpur*, war hochgeschätzt und die Schnecken der Gattung Murex, seine Erzeuger, gesucht. Die Cochenille, eine Cactusschildlaus, wurde gehegt und gepflegt, um das teure *Carmin* zu erhalten. Heute haben diese Farbstoffe ihre Bedeutung längst nicht mehr, deutscher Forschergeist schuf die Anilinfarben, deren Weltverbrauch 1913 auf rund 80000 t geschätzt wurde. Eine riesige Ziffer und doch wird sie noch übertroffen vom *Blutfarbstoff*, dessen Jahresproduktion *allein durch die Menschen* von *H. Fischer* auf 110000 t errechnet wird[1].

Blut ist „ein Saft von ganz besonderer Art", aber nicht minder beschäftigen den Biologen, insbesondere den Tierzüchter die übrigen Farbstoffe des tierischen Körpers, bildet seit Jahrzehnten die *Farbe von Haut und Haar* ein Problem. Morphologische und physiologische Eigenschaften werden mit der Farbe der Epidermis in Zusammenhang gebracht, und der praktische Tierzüchter und -halter sucht aus ihnen mit Rückschlüsse auf den Wert seiner Tiere zu ziehen. Allein, was wir über das Pigment des Integuments wissen, ist gering, zumeist Vermutung, und die exakten Methoden anderer Zweige der modernen Naturwissenschaften werden noch viel zu wenig in den Bereich der Versuchsanordnung gezogen. Gerade die Physik bietet hier so vieles, das nicht unversucht bleiben darf, das zum mindesten bei bescheidener Fragestellung ein neues Licht in das Dunkel werfen kann und wirft.

Die Spektralanalyse, gestützt auf nun jahrhundertelange Forschung, reiche Literatur und Mannigfaltigkeit der Apparate, eignet sich beson-

---

[1] Der erwachsene Mensch enthält in seinem Blute durchschnittlich 15 g Hämin und erzeugt somit bei 5 maliger Erneuerung des Blutes im Laufe eines Jahres 75 g. Nimmt man rund 1500 Millionen Menschen auf der Erde an, so ergibt sich die menschliche Jahreserzeugung von $75 g \times 1\,500\,000\,000 = 112\,500$ t Hämin.

ders zu biologischen Untersuchungen, und der Spektrograph sollte in jedem auf der Höhe der Zeit stehenden biologischen Laboratorium vorhanden sein.

Unter der Voraussetzung, daß *das tierische Pigment nicht nur Farbstoff* ist, soll in vorliegender Arbeit der Versuch gemacht werden, zunächst an die Haarfarbe als Körperfarbe spektralanalytisch heranzutreten, um darauf aufbauend später die Natur des eigentlichen Pigments selbst einmal erfassen zu können.

A. Die Spektralanalyse.

I. Das Licht.

1. Strahlende Energie.

Unter Licht versteht man in physiologisch-subjektivem Sinn den Inbegriff aller durch das Auge, den Gesichtssinn, ermittelten Wahrnehmungen. Damit diese Empfindung zustande kommt, ist eine Arbeitsleistung der Außenwelt am Sinnesorgan, eine Energiebetätigung Voraussetzung. Die heutige „elektromagnetische Theorie" (s. *Wiedemann-Ebert*, Physikalisches Praktikum, und *Ebert*, Strahlende Energie) sagt folgendes: Alle Medien zeigen eine gewisse elektrische Polarisierbarkeit. Sind diese Zustände der Polarisierbarkeit an denselben Stellen des Mediums zeitlichen Änderungen unterworfen, so pflanzen sich diese Änderungen mit einer gewissen Geschwindigkeit nach allen Seiten hin wellenartig fort. Wiederholen sich die Änderungen periodisch, haben wir also eine sog. *elektromagnetische Schwingung* als erregenden Vorgang, so breiten sich die Zustandsänderungen ganz ähnlich aus wie die Wellen auf einer an einer Stelle periodisch erregten Wasseroberfläche; wir erhalten „*elektromagnetische Wellen*".

Die Schwingungen sind also transversal, haben als solche eine zeitliche und räumliche *Kennzahl. Die Schwingungsdauer* (T) gibt die Zeit einer Schwingung an, die Schwingsungszahl (z) die Anzahl solcher Schwingungen in 1 Sekunde. Die räumliche Strecke, welche die Welle während einer Schwingungsdauer zurücklegt, heißt Wellenlänge. *Die Fortpflanzungsgeschwindigkeit (c) elektromagnetischer Wellen in Luft beträgt 300000 km/sec.* Alle durch die elektromagnetischen Schwingungen hervorgerufenen Strahlungsarten unterscheiden sich lediglich durch die Wellenlänge und die Natur des Agens, auf das wir sie wirken lassen. Die *elektromagnetischen Wellen* im eigentlichen Sinn, ungenau als: „Strahlen elektrischer Kraft" bezeichnet, besitzen die längsten Wellen und werden durch die verschiedenen „Detektoren" nachgewiesen. Weit kürzer (von 0,5 mm abwärts) ist die Wellenlänge der Strahlen, an denen die „*Wärmewirkung*" besonders charakteristisch ist, als Rezeptor für dieselben eignet sich besonders das Bolometer oder eine Thermosäule, für die kürzeren Wellen dieser Art aber auch schon gewisse photographische Verfahren (Gebiet der infraroten Schwingungen). Sinkt die Wellenlänge unter rund 0,00076 mm = 760 $\mu\mu$, so kommt den elektromagnetischen Wellenzügen eine neue eigentümliche Wirkung zu: sie vermögen alsdann gewisse Organe der Zäpfchen- und Stäbchenschicht in der Retina unseres Auges zu erregen, wodurch in uns die Empfindung des „*Lichtes*" bewirkt wird; der allerdings nur sehr enge Wellenlängenbereich von 760—390 $\mu\mu$ (in Angström-Einheiten, abgekürzt A oder AE, 7600 AE bis 3900 AE), also nicht ganz eine Oktave, umfaßt die Lichtstrahlen. Jenseits der genannten unteren (ultravioletten) Farbengrenze tritt die elektronenauslösende und die mit solchen Auslösungsprozessen wahrscheinlich in Zusammenhang stehende *chemische* Wirkung mehr und mehr hervor (*Ebert*).

Die vorstehende Einteilung in verschiedene Strahlenarten entspricht, dies sei nochmals betont, lediglich dem Entwicklungsgange der Wissenschaft, nicht aber einer inneren Verschiedenheit der Natur dieser Strahlen. In allen diesen Strahlen kann man, bei entsprechend feinen Apparaten, Wärmewirkungen nachweisen und die chemische Wirkung der Lichtstrahlen und deren Verwendung in der Lichtbildkunst ist allbekannte Tatsache.

2. Arten des Lichtes.

Das Auge empfindet von den Schwingungen der strahlenden Energie, wie oben angeführt, nur solche innerhalb des Wellenlängenbereichs von rund 7600—3900 AE. Wirken alle Schwingungen innerhalb dieser Spanne gleichzeitig auf das Auge oder fehlen doch nur verschwindend wenige innerhalb der den obigen Wellenlängen entsprechenden Schwingungszahlen von 400—800 Billionen, so haben wir den Eindruck „*Weiß*". Weißes Licht ist also ein gemischtes Licht, *unhomogen*. Kochsalz in eine nicht leuchtende Flamme gebracht, erzeugt dagegen bei gewöhnlichen einfachen Untersuchungsverhältnissen Licht einer einzigen Lichtart, nämlich „Gelb" von der Wellenlänge rd. 5893 AE. Licht einer Wellenlänge heißt *homogen*. Weißes Licht kann (s. weiter unten) durch geeignete Vorrichtungen in seine Bestandteile aufgelöst werden, die dann zusammen das *Spektrum* bilden. In diesem folgen nacheinander die Farbtonbezirke

Rot	Gelb	Grün	Blau	Violett
mit 8000—6000	6000—5800	5800—5000	5000—4300	4300—3900

als entsprechende Wellenlängen in AE oder nach *Wilhelm Ostwald:*

Die Farben	Mit den entsprechenden Wellenlängen in runder Zahl AE
Rot	6300
Kreß[1]	5900
Gelb	5700

---

[1] Das Gelbrot der Kapuzinerkresse.

Die Farben	Mit den entsprechenden Wellen- längen in runder Zahl AE
Laubgrün[1]	5300
Seegrün[2]	4900
Eisblau[3]	4800
Ublau[4]	4700
Veil	4600

3. Spiegelung und Brechung.

Die Lichtgeschwindigkeit ändert sich mit der Materie, durch die das Licht eilt. Optisch dichte Medien verringern die Lichtgeschwindigkeit. Trifft ein Wellenzug auf seinem Wege an die Grenzfläche zweier Medien, so erleidet er *immer* die mannigfaltigsten Veränderungen. Ein Teil wird zurückgeworfen, gespiegelt, reflektiert, ein Teil dringt in das neue Medium ein und wird gebrochen. Bei ebener Trennungsfläche erfolgt die Rückwerfung in ganz bestimmter Richtung (Spiegelung), bei rauher, aus vielen kleinen Teilflächen zusammengesetzter Trennungsfläche diffus. Es wird immer derselbe Bruchteil der aufgefallenen Lichtmenge gespiegelt. *Vollkommene Spiegelung* (totale Reflexion) ist außerordentlich selten und tritt nur dann ein, wenn ein Wellenzug innerhalb optisch dichteren Medien auf die Trennungsfläche zu optisch dünneren Medien unter großem Winkel auffällt. In allen anderen Fällen dringt ein Teil des Lichtes in das neue Medium ein, um bei optisch verschiedener Dichte andere Geschwindigkeit, bei schiefem Einfall auch andere Richtung anzunehmen. Die Erscheinungen der zweimaligen Brechung finden durch die optischen „Linsen" und „Prismen" eine ausgedehnte Anwendung.

4. Sonderung der Lichtarten durch prismatische Fächerung (Dispersion) und Schluckung (Absorption).

Die Veränderung der Lichtgeschwindigkeit im neuen Medium ist je nach Wellenlänge verschieden, ein Medium hat so viel Brechungsverhältnisse als es Wellenlängen gibt. Weißes Licht wird also durch Brechung zugleich in seine einzelnen Bestandteile, nach Wellenlängen geordnet, zerlegt, und diese Erscheinung wird durch die zweimalige Brechung beim Prismendurchgang noch verstärkt. Fängt man dieses bunte, *durch Fächerung* (Dispersion) entstandene Licht auf, so erhält man ein Spektrum (wörtlich Gespenst). Während das menschliche Ohr ohne Hilfsmittel befähigt ist, aus einem Klange die einzelnen Komponenten herauszuhören, zu analysieren, vermag das Auge nicht die einzelnen Strahlenarten bei ihrem gleichzeitigen Einwirken auf die Netzhaut voneinander zu trennen und gesondert wahrzunehmen; hierzu ist erst eine vorherige räumliche Ausbreitung nötig: *Das Spektrum.* In der Regel

---

[1] Gelbgrün.
[2] Blaugrün.
[3] Das grünliche Blau der Gletscherspalten.
[4] Ultramarinblau.

ist die Verzögerung der Lichtgeschwindigkeit um so größer, je kleiner die Wellenlänge ist, im Spektrum folgen dann nacheinander die Wellenlängen wie im Abschnitt Lichtarten angeführt: Rot ist am wenigsten, Violett am stärksten abgelenkt. Gewisse Stoffe machen jedoch hiervon eine Ausnahme, erzeugen unregelmäßige Fächerung (anormale Dispersion), z. B. eine 18proz. Anilinrot-(Fuchsin)-Lösung: Violett wird am wenigsten abgelenkt, dann folgt Rot, dann Gelb (Abb. 1 und 2). Strahlenarten, die in der das Spektrum erzeugenden Strahlung nicht enthalten sind, fehlen natürlich auch in diesem — schwarze Linien, Streifen, Banden im Spektrum sind die Folge.

Auch von dem gebrochenen Anteil der aufgefallenen Strahlung geht nicht alles durch das neue Medium hindurch: Ein Teil der Strahlungsenergie wird in Wärme, Elektronenauslösung usw. umgewandelt. Kein Körper ist frei von dieser Erscheinung, die man Schluckung (Absorp-

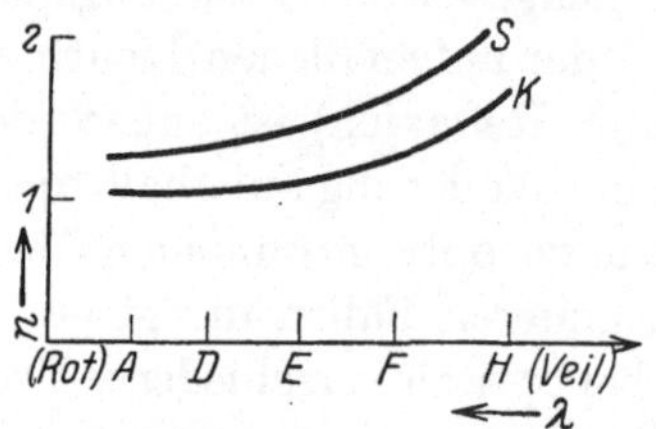

Abb. 1. Normale Lichtdispersionskurve.

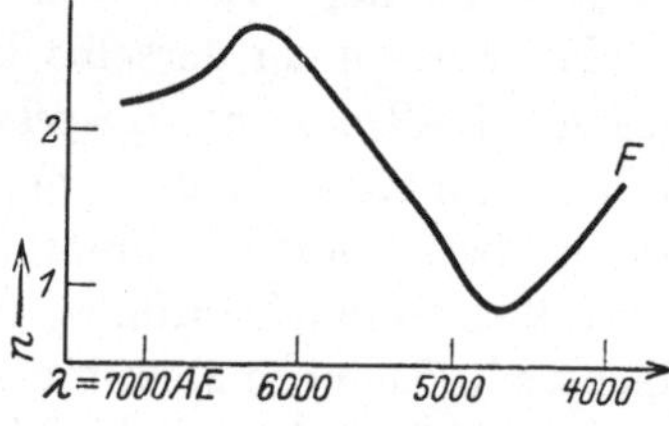

Abb. 2. Anormale Lichtdispersionskurve.

Schematische Darstellungen von Lichtbrechungskurven. n = Brechungsverhältnis; λ = Wellenlänge der gebrochenen Strahlenart; S = Schwefelkohlenstoff; K = Kronglas; F = 18% Fuchsinlösung.

tion) nennt. *Schluckung ist je nach durchlaufenem Körper verschieden groß und verschiedenartig,* stets aber werden bei gegebenen Bedingungen dieselben Bruchteile der durchgehenden Lichtarten umgewandelt. Der Bruchteil der Strahlung, welcher von einer 1 cm dicken Schicht eines Körpers durchgelassen wird, heißt Durchlaßzahl. *Auf der Verschiedenheit der Durchlaßzahlen verschiedener Körper für verschiedene Lichtarten beruht der allergrößte Teil der Farben unserer Umwelt* (*W. Ostwald*).

5. Interferenz und Beugung.

Haben 2 Erregungspunkte strahlender Energie vollkommen gleiche Schwingungszustände, so sind die daraus entstehenden Wellen zueinander kohärent. Nur kohärente Strahlen können gegenseitig aufeinander einwirken. Treffen „kohärente Wellen" immer wieder an derselben Stelle des Raumes mit dem Gangunterschied eines Vielfachen ihrer halben Wellenlänge zusammen, so zeigen sie die Erscheinung der „*Interferenz*". Solche Wellen verstärken sich, sofern der Gangunterschied eine gerade Anzahl halber Wellenlängen beträgt; bei ungerader Anzahl löschen sie sich aus und es tritt bei Strahlung sichtbarer Wellenlängen der Fall zutage, *daß Licht zu Licht gehäuft, Dunkelheit ergibt.*

Die von dem Erregungszentrum nach allen Seiten des Raumes fortschreitende Wellenausbreitung kann durch geeignete Vorrichtungen, sog. Blenden abgegrenzt werden. Nach dem Huygensschen Prinzip wird dann die Blendenöffnung, sofern sie genügend klein, die Quelle neuer Wellenausbreitung, jedes Elementarteilchen in ihr ein neues Erregungszentrum von Wellen, die sich wieder nach allen Seiten des Raumes ausbreiten, soweit die Blende keine Grenzen setzt. Die Wellen weichen also hier von dem uns sonst am Licht gewohnten geraden Gange ab, sie treten aus dem Gebiet des geometrischen Schattens heraus, sie werden *gebeugt*. Zu gleicher Zeit sind aber diese neuerregten Wellen kohärent und den Erscheinungen der Interferenz unterworfen, denn sie haben durch die Beugung verschiedene Gangunterschiede erhalten. Durch Verstärkung bzw. Auslösung kohärenter Wellenanteile entstehen so in dem auf einem Schirm aufgefangenen Lichtbild Minima und Maxima der Helligkeit.

6. Beugung durch Gitter.

Ein System von vielen schmalen, parallelen, gleichartigen Spalten mit stets gleichem Abstand voneinander heißt man ein „*Gitter*". Gitter zeigen die Beugungserscheinungen viel intensiver als ein einfacher Spalt. *Frauenhofer* hat zuerst ein Gitter aus Draht, später durch Einritzen auf mit Goldblättchen belegtem Planglas hergestellt und so die Methode angegeben, welche noch jetzt benutzt wird. Heute gibt es ausgezeichnete Glasgitter mit etwa 600 Strichen auf einem Millimeter, Rowlandsche Gitter auf Spiegelmetall mit bis zu 1700 Strichen je 1 mm. Gute Originalglasgitter für durchgehendes Licht kommen sehr teuer und werden daher meistens sog. Gitterabzüge, Abklatsche (Kopien) aus Gelatine oder Celluloid verwendet. Gitter mit periodischen Fehlern täuschen Bilder von Linien, sog. Geister vor.

II. Der Spektralapparat im allgemeinen.

Es ist die Aufgabe der *Spektralanalyse*, die Komponenten eines zusammengesetzten Strahlenkomplexes zu trennen. Dies ist aber nur möglich, wenn im entstehenden Spektrum eine möglichst reinliche Trennung der einzelnen Strahlenarten stattfindet, die einzelnen Bilder sich nicht überlagern, das Spektrum rein ist. Die *Reinheit des Spektrums* hängt ab von der Ausdehnung der erregenden Strahlungsfläche und von der Länge des Spektrums. Der Idealfall ist eine unendlich enge Spaltöffnung als Erregungsfläche und ein aus Fächerung oder Beugung hervorgehendes unendlich langes Spektrum. Neben praktischer Undurchführbarkeit steht diesem eine andere Eigenschaft des Spektrums gegenüber: Die Helligkeit. Die *Helligkeit* ist, abgesehen von Rückwerfung und Schluckung, durch Prisma oder Gitter umgekehrt proportional zur Reinheit des Spektrums, sie wächst mit der Spaltbreite und nimmt mit der Ausdehnung des Spektrums ab. Diesen widersprechenden Anforderungen gerecht zu werden ist Aufgabe der Spektralapparate, die dem jeweiligen Zweck anzupassen sind.

1. Der Spalt.

Aufgabe des Spaltes ist, eine möglichst linienförmige Lichtfläche herzustellen. Er wird von 2 Backen aus Metall, Iridium, Platinoid, Quarz gebildet, deren Kanten schräg nach innen abgeschliffen sind, um scharfe Schneiden zu gewinnen, Lichtreflexe zu vermeiden, möglichste Reinheit des Spektrums von dieser Seite zu gewährleisten. Quarz gibt besonders scharfe Schneiden, die aber leicht zerbrechlich sind. Beim *unsymmetrischen Spalt* ist nur ein Backen beweglich, was den Nachteil hat, daß jede Änderung der Spaltweite eine, wenn auch geringe, Richtungsänderung der optischen Achse des ganzen Systems nach sich zieht: Die Linien, Banden verschieben entsprechend dem Spektrum ihren Schwerpunkt. Vergleichende Untersuchungen mit unsymmetrischem Spalt müssen stets bei gleicher Spaltweite angestellt werden. Beim *symmetrischen Spalt* bewegen sich beide Schneiden gleichzeitig und gleichförmig von oder nach der Mittellinie; ihr Gang muß fein, leicht verschiebbar und mit Mikrometerschraube auf weniger als 0,01 mm feststellbar sein (toten Gang beachten). Gerade, parallele Schneiden und Symmetrie sind weitere Forderungen. Überprüfung: Man stellt auf eine Linie das Fadenkreuz scharf ein, bei Öffnen des Spaltes muß sich das Bild ganz gleichmäßig zu beiden Seiten des Fadenkreuzes ausbreiten, bei Verengung keine keilförmige Öffnung sich zeigen. Festes Zudrehen beschädigt die Schneiden und kann dies durch Konstruktion der Stellschraube abgemindert werden, wenn diese bei Erreichung der Nullstellung leerläuft. Staubkörner an den Backenkanten erzeugen im Spektrum Querlinien; Reinigung hat trocken (auch nicht mit Alkohol) zu erfolgen: Kamelhaar-, Dachshaarpinsel, entsprechendes Leder. Ein Spaltdeckel mit Fenster schützt vor Verstaubung, Beschädigung durch nahestehende Flammen, Salzlösungen usw. Er sollte nur in Ausnahmefällen, z. B. Untersuchung im ultravioletten Gebiet abgenommen werden. Spaltweiten von $> 0{,}1$ mm sind mit Vorbehalt zu verwenden, 0,03 bis 0,04 mm für wissenschaftliche Feststellung von Absorptionsstreifen am meisten gebräuchlich. Die oft an der Vorderseite des Spaltes angebrachten Vergleichsprismen tun für orientierende Beobachtungen gute Dienste, für genaue Bestimmungen sind aber andere Methoden (Spaltschiebeblenden, Hüfnersches Prisma) anzuwenden. Es gibt horizontale und vertikale Spaltanordnungen. (Wegen Hartmannscher Spaltschiebeblenden siehe Abschnitt Photographie des Spektrums, ein selbst hergestellter Spalt findet sich bei den Untersuchungen von Haarfarben.)

2. *Kollimator und Fernrohr.*

Unter *Abbildung* versteht man die Überführung eines homozentrischen Strahlenbündels in ein anderes, wiederum homozentrisches Bündel. Homozentrisch ist ein Strahlenbündel dann, wenn sich seine Strahlen, wenn auch in der Verlängerung, in einem Punkte schneiden. Im allgemeinen sind nun die von einem Lichtpunkte ausgehenden Strahlen nach dem Prismendurchgange nicht mehr homozentrisch, sondern es entstehen zwei aufeinander senkrecht stehende kleine Lichtlinien, die nur bei unendlicher Entfernung des leuchtenden Punktes und bei symmetrischem Prismendurchgang sich wieder zu *einem* Bildpunkt im Unendlichen vereinigen. Man benützt daher zweckmäßig in der Spektralanalyse den telezentrischen Strahlengang.

Die Abbildungsfehler der Linsen in ein- wie besonders in mehrfarbigem Licht stören natürlich bei der Spektralanalyse in vielfacher Hinsicht. Einfache Linsen sind kaum zu verwenden, denn sie entwerfen von weißem Licht eine Reihe verschieden großer Bilder von verschiedener Farbe hintereinander. Es sind daher meistens Achromaten (Kombination von bikonvexer Kronglaslinse mit bikonkaver Flintglaslinse) in Verbindung gebracht. Aber auch die besten Achromate können nicht alle Strahlenarten in einem Brennpunkte vereinigen, stets bleibt bei Verbindung zweier Linsen ein sekundäres Spektrum übrig. Achromatische Linsen der Firma Schott u. Genossen weisen nur ein sehr kleines Restspektrum auf. Nebenbei sei bemerkt, daß auch *das menschliche Auge* individuell verschiedene „Linsenfehler" (Zylinderlinse, chromatische Fehler usw.) aufweist, die durch systematische Versuche festzustellen für jeden Biologen von Bedeutung ist und durchgeführt werden sollte. Die *Kollimatorlinse* hat die Aufgabe, die vom Spalt kommenden Strahlen zu sammeln und die Erregungsfläche aller Strahlenarten nach Möglichkeit ins Unendliche zu bringen. Die *Fernrohrlinse* versetzt das ins Unendliche abgebildete Spektrum in seine Brennebenen, in welchen sich zur genauen Ortsbestimmung meist ein Fadenkreuz, Nadelspitze oder dgl. befindet. Mindestforderung ist, daß diese Linse für Achsenpunkte annähernd vollkommen sphärisch und chromatisch korrigiert ist. Die Möglichkeit, die Entfernung von Spalt zu Kollimatorlinse und von Fernrohrlinse zu Fadenkreuz der je nach Wellenlänge verschiedenen Brennweite anzupassen, erleichtert diese Bedingung. Um das virtuelle Bild des Spektrums beobachten zu können, ist ein *Okular* notwendig. Fast immer geschieht dies durch ein sog. Ramsdensches Okular, welches gestattet, das Bild des Spektrums und das Fadenkreuz zu gleicher Zeit in gleicher Ebene zu beobachten. Es genügt eine Linsenkorrektur, welche die verschieden farbigen Bilder alle gleich groß erscheinen läßt. Das Okular ist ebenfalls durch Verstellung nach Möglichkeit in Brennweiteabstand der jeweiligen Wellenlänge zu bringen.

Kurzwellige (ultraviolette) Strahlen werden von Uviolglas nur bis 2530 AE durchgelassen, Kron- und Flintglas lassen unter 3000 AE in Linsendicke fast nichts durch. Untersuchungen im ultravioletten Gebiet müssen daher mit Linsen aus Quarz, Steinsalz (bis 1850 AE) oder Fluorit (bis rund 1000 AE) durchgeführt werden (s. nächsten Abschnitt Photographie). Bei Anwendung infraroter Strahlen nimmt man versilberte Hohlspiegel.

3. Prisma und Gitter.

Die räumliche Trennung verschieden gearteter Strahlen ist durch Fächerung oder Interferenz zu erreichen; Mittel hierzu sind Prisma, ebenes oder konkaves Gitter, Stufengitter, Interferometer und Interferenzplatten. Für Spektralanalyse zu biologischen Zwecken kommen vor allem Prismen und Gitter in Frage. *Kirchhoff* und *Bunsen* haben ihre klassischen spektralanalytischen Untersuchungen mit einem Prismenspektroskop durchgeführt, das jetzt im Deutschen Museum München zu sehen ist. Heute sind die Gitter so vervollkommnet, daß die Wahl zwischen diesem und einem Prisma nach dem jeweiligen Zweck zu erfolgen hat. Es kann gesagt werden, daß die Genauigkeit der Ausmessung von Absorptionsspektren (mit welchen es der Biologe vor allem zu tun hat) mit einer gleichmäßigen, mittleren Längenverteilung von 40—60 AE je 1 mm in den einzelnen Farbenbezirken des Spektrums Hand in Hand geht. Die Fächerung der *Prismen* ist sehr ungleichmäßig, meist besonders eng in Rot und Gelb, besonders weit in Violett. Flintglasprismen mit verhältnismäßig breitem Feld in Rot und Gelb kommen der obigen Forderung am nächsten. Diese verschiedenartige Ausdehnung der einzelnen Strahlenarten stört besonders die Feineinstellung bei okularer Beobachtung im Rot und Violett, und bringt es außerdem mit sich, daß die Ablesung erst in Wellenlängen umgerechnet werden muß, was nur durch Aufstellung einer Wellenlängenkurve und deren Projektion möglich ist. Scharfe Abbildung findet nur bei symmetrischem Strahlengang durch das Prisma statt. Infolge der verschiedenen Brechungsverhältnisse muß also für jede Strahlenart neu scharf eingestellt werden, oder es wird durch automatische Einrichtung das Prisma stetig mit dem Fernrohr ins Minimum der Ablenkung gedreht. Das Prisma ist *lichtstärker* und muß daher überall dort einspringen, wo man durch die geringe Intensität der Strahlung gezwungen ist, spektrographisch zu arbeiten und bei Verwendung eines Gitters der „Schwellenwert" der Plattenemulsion nicht erreicht wird (s. Abschnitt Photographie). Untersuchungen im *ultravioletten Gebiet* werden ebenfalls zweckmäßig mit Prismen durchgeführt, da hier die Genauigkeit der Wellenlängebestimmung durch die größere Ausdehnung gegenüber dem Gitter eine größere ist, Abklatschgitter dazu wegen Undurchlässigkeit nicht verwendet werden können. In der Regel benutzt man zu diesem Zweck ein Cornuprisma: zwei 30° Halbprismen aus je links- und rechtsdrehendem Quarz (Polarisation) werden so zu einem 60° Prisma vereinigt, daß die optische Achse des Quarzes der Basis parallel ist. Viel näher kommt man einem Normalspektrum (Abstand entspricht der Wellenlängendifferenz) durch Verwendung von Gittern, die beim Durchgang von Licht ein Spektrum erzeugen, in welchem die Wellenlänge einer Linie dem Sinus ihres Ablenkungswinkels proportional ist. Die Vorteile ergeben sich von selbst. Bei entsprechender Gitterkonstante sind die Abstände im Rot wie im Grün und Blau von einer Größe, die auch direkte Ablösung von hinreichender Genauigkeit erlaubt. Eine Neueinstellung des Fadenkreuzes ist nur innerhalb weiter Bezirke nötig und damit die Größe der Beobachtungsfehler verringert. Durch die gleichzeitige Bildung von Spektren 2., 3. Ordnung usw. ist das entstehende Spektrum 1. Ordnung lichtschwächer wie das einzige Spektrum eines Prismas.

4. Der Spektrograph.

Der Spektrograph dient der Wellenlängenmessung im unsichtbaren ultravioletten Gebiet und der objektiven Registrierung von Spektren im allgemeinen. Die Kamera tritt an die Stelle des Fernrohrs. Die Kameralinse soll geringe „Dikaustik" aufweisen, sphärisch und auf Zonenfehler korrigiert sein und außerdem der Sinusbedingung genügen. Sehr verbreitet sind die Quarz-Fluoritachromate, die ein sehr ebenes Feld geben, bis rund 1850 AE durchlässig sind und auch den anderen Bedingungen genügen. *Der nicht vollständigen Bildebnung* hilft man durch Schrägstellen der Aufnahmeplatte nach, wodurch besonders die kürzeren Brennweiten etwas besser erfaßt werden; über 3 wirklich in die Plattenebene fallende Brennpunkte kommt man aber nicht hinaus! Es ist daher zweckmäßig, den Kasettenhalter nach beiden Seiten drehbar zu befestigen: Wo besonders die Genauigkeit der Wellenlängenbestimmung im roten Teil des Spektrums vonnöten, dreht man nach dieser Seite und umgekehrt. Die Größe der Drehung muß durch Vorversuche ein für allemal an Linienspektren festgestellt werden. Je mehr Linsen zu einem Achromaten vereinigt sind, um so lichtschwächer ist das System. Den Durchmesser zu vergrößern verbietet bei Quarz-Fluorit die Kostbarkeit des Materials. In solchen Fällen muß man auf einfache Quarzlinsen mit relativ großer Öffnung zurückgreifen. Trotz „Deformation" der Linse ist die Dikaustik noch so stark, daß die photographische Platte durch Krümmung der Wölbung des Bildes anzupassen ist.

Die genaue Feststellung der Maxima und Minima in Absorptionsspektren nach Größe, Form und Zahl, wie sie für eine Substanz charakteristisch sein können, wie auch gleichzeitige Aufnahme von Linien- und Vergleichspektren, Wellenlängenskalen, verlangen oft *viele Aufnahmen auf einer Platte.* Um dies zu ermöglichen, muß die Kasette senkrecht zum Spektrum verschiebbar sein, was meist durch Schneckengetriebe und Schlittenführung geschieht; die jeweilige Stellung der Kasette ist an der Lage einer Marke ersichtlich. Handelt es sich um genaue Wellenlängenbestimmungen auf 1 AE und kleiner, so darf die Kasettenverschiebung nicht benutzt werden. (Das Ergebnis einer Messung ist immer mit persönlichen und sachlichen [Apparat, Umgebung, Benutzung] *Beobachtungsfehlern* behaftet. So sind auch mit jeder Ortsveränderung durch Schrauben gewisse Fehler (toter Gang, Ganghöhe, Temperatur usw.) verbunden: „Die Schlittenführung der Kasettenverschiebung kann, wenn sie zu einem erschwinglichen Preis hergestellt werden soll, nicht so genau gearbeitet werden, daß bei einer Bewegung von mehreren Zentimetern seitliche Bewegungen von einigen $^1/_{10}$ mm ganz ausgeschlossen wären. Auch die Platte liegt in ihrer Kasette nicht so garantiert sicher, daß sie nicht durch starke Erschütterungen des Beobachtungsraumes und des Hauses zwischen 2 Aufnahmen um kleine Beträge verrückt werden könnte" (Löwe-Zeiss-Werke). Sollen oder müssen trotzdem mehrere Aufnahmen untereinander gemacht werden, so hilft man sich auf andere Weise: Durch Anwendung von genau eingepaßten Spaltschiebeblenden, die ohne jede Erschütterung des Spektrographen vor dem Spalt verschoben werden können. Die Kasette bleibt dann in ihrer Lage unverändert.

5. Ablesevorrichtung.

Zur Kenntnis des Spektrums ist die Bestimmung der Linien, Banden usw. nach Lage und Intensität erforderlich. Internationale Wellenlängennormale (Solar-Union) ist die Wellenlänge der roten Cd-Linie 6438,4696 AE, erhalten unter ganz bestimmten Bedingungen. Im sichtbaren Gebiet kann die Ablesung okular und photographisch erfolgen, wobei der letzteren Methode stets der Vorzug zu geben ist. *Bei spektroskopischen Beobachtungen* bezieht man stets die Stellung einer Linie, Bande auf eine *Skala.* Kleine Handapparate sind mit einem auf Glas geäzten oder photographierten feinen Maßstab versehen, dessen Stellung verändert werden kann und dessen Bild durch Rückwerfung an der Prismenfläche gleichzeitig mit dem Spektrum in die Bildebene geworfen wird. Die Einstellung ist roh und muß vor jedesmaliger Benutzung an einer bekannten Linie überprüft werden; zu helle Skalenbeleuchtung ist zu vermeiden, Skalen mit Wellenlängenteilung sind nicht zu empfehlen. Alle anderen Methoden setzen eine *Marke* (Fadenkreuz u. dgl.) im Brennpunkt der Fernrohrlinse voraus, die zur genauen Sichtbarmachung und Erkennung durch Spiegel und planparallele Glasplatten Licht von außen erhält. Fadenkreuz und Linien werden zur parallaxenfreien Deckung gebracht; bei schwachen Absorptionsstreifen ist es nach dem Vorgang von *Formánek* vorteilhaft, zwischen Auge und Okular-linse schwach gefärbtes Rauchglas einzuschieben und außerdem den zu beobachtenden Spektralbezirk durch Blenden im Okular einzuengen — fremde Helligkeit fernzuhalten. Die Veränderung der Lage des Fadenkreuzes vom Nullpunkt, damit die Lage der Strahlenart, wird ent-weder durch *Winkelabmessung* (Umrechnung mit Eichkurve bzw. Gitter-konstante) oder mittels *Mikrometerschraube* (je nach Unterteilung Um-rechnung mit Eichkurve oder direkte Ablesung) festgestellt. Beide er-lauben wiederholte Einstellung, Messung und damit Bildung eines Mittelwertes. Bei Messungen mit Mikrometerschraube ist stets der „tote Gang" der Schraube dadurch zu vermeiden, daß man bei Ablesung nur in einer Richtung dreht. Anordnungen von Gegenfedern verbessern zwar diesen Fehler, können ihn aber nie ganz aufheben (Rändelknopf und Schraube sind nicht aus einem Stück, Gewinde und Führung nicht unendlich dicht aneinander). Genaue Messungen haben weiter bei mitt-lerer Zimmertemperatur stattzufinden, da Temperaturänderungen Ver-änderungen der Winkelverhältnisse im Spektralapparat, wie verschie-dene Ausdehnung der Meßschraube nach sich ziehen können. Es ist daher notwendig, vor der eigentlichen Untersuchung die Meßvorrich-tung an einem bekannten Spektrum zu überprüfen, etwaige Abwei-chungen genau festzustellen und dann in Rechnung zu ziehen, dagegen empfiehlt es sich nicht, eine Neueinstellung der Meßschraube vorzu-nehmen. Die *Eichkurve* wird durch genaue Ablesung der Linien eines bekannten Spektrums, das besonders sorgfältig hergestellt wird und graphisch dargestellt ist, gefunden: Abszisse ist in Winkelmaße bzw. wie die Meßschraube untergeteilt, die Ordinate nach Wellenlängen beziffert. Bei genauer Ablesung muß man eine stetige Kurve erhalten. Da stark gekrümmte Kurven schwer zu zeichnen sind, zieht man es oft vor, statt der Wellenlänge die entsprechende Schwingungszahl einzutragen, die Form der Kurve ist dann flacher. Statt der Eichkurve kann auch eine entsprechende Tabelle angelegt werden.

Vielen *Spektrographen* ist eine *Wellenlängenskala* beigegeben, welche mit aufgenommen wird. Es ist diese Einrichtung sehr bequem und ge-stattet einen raschen Überblick und Zurechtfinden. Sofern sie sehr genau gearbeitet, ist sie auch für gewisse Absorptionsspektren mit brauchbar. Man sollte aber nie versäumen, die Wellenlängenteilung an einem bekannten Spektrum zu überprüfen, sie in ihren Fehlern kennen-zulernen, wie auch stets bei jeder Aufnahme die Lage der Wellenlängen-skala als solche an einer bekannten Spektrallinie festzustellen. In allen anderen Fällen nimmt man ein bekanntes Linienspektrum mit möglichst gleichmäßiger Verteilung der Linien über die ganze Platte mit auf und stellt die Lage der zu bestimmenden Maxima und Minima durch Inter-polation zwischen den nächstliegenden Spektrallinien fest.

6. Aufstellung des Spektralapparates und Zubehör.

Bei spektroskopischen, wie auch insbesondere bei spektrographischen Untersuchungen ist als Arbeitsraum ein verdunkeltes Zimmer erwünscht, aber nicht notwendig. Auge wie Kamera lassen sich durch Aufstellen geeigneter Blenden leicht schützen, ebenso der Spektralapparat selbst, für den ein übergeworfenes doppeltes schwarzes Tuch nicht nur lichtdichtend wirkt, sondern auch zugleich vor Verstaubung schützt. Wirksames fremdes Licht vom Spalt abzuhalten ist nicht schwer. Arbeiten bei gewöhnlichem Zimmerlicht hat weiter den Vorteil, daß bei langdauernden Aufnahmen einmal die Erzeugung des Spektrums überwacht werden kann, außerdem nebenbei auch andere Arbeiten erledigt werden können. Diese müssen natürlich an einem besonderen Tisch ausgeführt werden, damit der Spektralapparat frei von jeglicher Erschütterung bleibt, wie überhaupt während der Aufnahme alles Gehen im Zimmer usw. vermieden werden sollte. Aufnahmen zu besonders feinen Messungen sind zweckmäßig in den ersten Morgenstunden anzustellen; das Gebäude erhält in dieser Zeit die wenigsten Erschütterungen von außen und von innen. Besonders geeignet ist natürlich ein Raum (außerhalb der Großstadt), der auch ganz verdunkelt werden kann, Licht- und Wasserleitung besitzt, dessen Zimmertemperatur stetig um 20° gehalten wird. Standplatz des Spektralapparates ist zweckmäßig ein langer schwerer Tisch. Unerläßlich ist das Vorhandensein einer optischen Bank, womöglich mit Millimetereinteilung. Die optische Bank gibt nicht nur besonders leicht umfallenden Gegenständen, wie Punktlichtlampe, Balyrohr festen Halt, sondern ermöglicht stets wieder die gleiche Versuchsanordnung, wie auch ein Variieren der Belichtungsstärke nach Entfernung der Lichtquelle. Die Sicherheit der Belichtungszeiten läßt aber viele Stunden wie Aufnahmeplatten sparen. Die feste Verbindung von optischer Bank und Spektralapparat (nach *Schumm*) ergibt eine genaue dauernde Justierung; Lichtquelle, Kollektor, Absorptionsgefäße sind rasch und sicher in die Richtung der optischen Achse des Kollimators gebracht, was für volle Lichtausnützung, wie bei Aufnahme von Emissionsspektren ohne Kondensor von besonderer Bedeutung ist (s. Einstellung von Zeiss-Gitterspektroskop 23 085). Vielseitigere Anwendungsweise erlaubt allerdings die nicht feste Verbindung von Apparat und optischer Bank; besonders spektralanalytische Untersuchungen undurchsichtiger Objekte, diffus reflektierender Flächen verlangen ganz andere Anordnung, wobei die feste Verbindung von optischer Bank und Spektralapparat unter Umständen sogar hinderlich sein kann. Wo immer derselbe Arbeitstisch verwendet werden kann, läßt sich leicht eine Markierung der Lage von Apparat und optischer Bank anbringen. Zur optischen Bank gehören eine Anzahl Ständer, Reiter genannt, für die verschiedensten Hilfsapparate: Lampe, Balyrohr, sonstige Absorptions-

gefäße, Wärmefilter, Geißlerrohr, Klemmen, Blenden, Belichtungs-
messer u. a. m. Ein Ständer mit Feineinstellung der Drehung um die
vertikale Achse sollte nicht fehlen.

Die *Behälter* für die verschiedenen Lösungen bei Untersuchung von
Absorptionsspektren sollen den verschiedensten Bedingungen genügen:
Möglichst für alle Strahlenarten durchlässig, ohne Einfluß auf die Richtung des Strahlenganges, säure- und alkoholfest, dazu von genau fest-
gestellter lichter Weite. Viel Erwähnung in der Literatur findet der einfachste Fall eines Absorptionsgefäßes, das Reagensglas. Es wird in
einem besonderen Ständer oder wie bei Zeiss-Apparaten in auf den Spalt-
kopf aufgeschraubten Eprouvettenhalter vor den Spalt gebracht. Das
Reagensglas ist überall vorhanden, billig und leicht zu reinigen, aber für
genauere Messungen unbrauchbar. Neben wechselnder lichter Weite
stört ganz besonders ihre Wirkung als Zylinderlinse von kurzer Brennweite. Es ist sehr schwer, bei vergleichenden Untersuchungen immer
wieder die gleiche Lage der Bildlinie auf den Spalt zu erreichen; ist dies
nicht der Fall, treten unter Umständen Interferenz oder andere störende
Erscheinungen auf. *Löwe* schreibt: „*Absorptionsgefäße mit parallelen
Wänden*, sog. Cuvetten, sind frei von diesen Fehlern, die Fenster bestehen aus planparallelen Platten und ist die lichte Weite durchweg
die gleiche. Letztere Forderung kann vom Hersteller bis auf 1% Genauigkeit erfüllt werden." Für Untersuchungen im ultravioletten Gebiet
müssen wieder Quarzfenster genommen werden. Die Fenster der Cuvetten sind zumeist mit Kitt befestigt (Zement aus Lösung von Gelatine in heißem Eisessig, Picein, Syndetikon usw.) und entweder wasser-
oder säure- und laugenfest oder alkoholbeständig. Vor Verwendung
muß daher genau bekannt sein, für welche der 3 Arten von Füllung die
Cuvette gekittet ist. Es gibt auch Glasbehälter mit aufgeschraubtem
Fenster nach *G. Scheibe*. Soll die Kittschicht besonders geschützt werden, so ist ein Paraffinüberzug anzubringen, der öfters erneuert werden
muß. Konzentration und Schichtdicke bestimmen neben der Substanz
als solche das Maß der Absorption. Die Schichtdicke soll daher nicht
nur genau bekannt, sondern auch veränderlich sein. Zwei Wege sind
möglich: Ein genau *abgestimmter Cuvettensatz* verschiedener lichter
Weite oder ein Absorptionsgefäß mit veränderlicher Schichtdicke. Durch
Kombination von mehreren Cuvetten ist mit großer Genauigkeit eine
gewisse Schichtdicke zu erreichen. Das Gefäß nach *Pulfrich* besitzt
einen Glasdeckel, der auf $\pm$ 0,05 mm genau ein- oder ausgeschraubt
werden kann; es hat besondere Bedeutung für Lösungen, die dem „Beer-
schen Gesetz" nicht folgen, also durch fortschreitende Dissoziation bei
Verdünnung ihre Zusammensetzung ändern. Weniger genau wie ein
Cuvettensatz, aber immer noch für viele biologische Zwecke voll ausrei-
chend, wirkt ein sog. *Balyrohr*. Dieses besteht aus 2 konzentrischen

Glasrohren, die genau ineinander passen und je mit einem senkrecht zur Achse aufgeschmolzenen Quarzfenster auf derselben Seite versehen sind. Das Außenrohr ist mit Kugelbehälter, Ablaßrohr versehen und trägt eine eingeätzte Millimeter- und *logarithmische Teilung. Letztere deshalb, weil beim Sehvorgang physiologische Differenzen physikalischen Quotienten entsprechen.* Die Halteklammer, Klaue genannt, sollte ein ununterbrochenes Lesen der Skala ermöglichen, diese selbst auf der der Camera zugewendeten Seite sich befinden. Die Achse der Röhre soll mit der optischen Achse des Kollimators zusammenfallen. Um störende Reflexe zu vermeiden wird empfohlen, eine schwarze Papierhülle in das innere Rohr einzuschieben. Bei sicherem Stand des Balyrohrs kann man die Schichtdicken bequem und stetig während der Aufnahme oder okularer Betrachtung verändern. Große Zeitersparnis geht damit Hand in Hand. Beim Reinigen muß vermieden werden, daß in das Innere des Innenrohrs Wasser gelangt, da die nachfolgend eintretende Wasserdampfbildung das Spektrum trübt und schwer zu beseitigen ist. Der Vollständigkeit halber sei hier noch das *Absorptionsgefäß mit dem Schulzschen Körper* erwähnt. Absorptionsgefäße in Prismenform kommen für spektralanalytisch-biologische Untersuchungen kaum in Frage.

Manchmal ist es sehr erwünscht, ja notwendig, 2 Absorptionsspektren gleichzeitig auf der Platte festzuhalten; sei es, um zu zeigen, welche Veränderung der Zusatz eines Reagens auf die Lage der Streifen ausübt, sei es, um photometrische Messungen vorzunehmen, das Maß der Absorption zu bestimmen, besonders schwache Veränderungen erst durch die Gegenüberstellung mit dem Vergleichsspektrum kenntlich zu machen usw. Für solche Aufnahmen müssen *gleiche* optische Bedingungen gegeben sein, darf die Platte, wie in Abschnitt „Spektrograph“ des weiteren ausgeführt, keine Ortsveränderung erfahren. Hier hilft man sich durch Verwendung verschiedener Prismen. Die gebräuchlichste Form ist die des *rechtwinkeligen Reflexionsprisma*, angeordnet vor dem Spalt. Wie aber schon erwähnt, kann diese Versuchsanordnung nie zu genauen Meß- und Vergleichsbestimmungen verwendet werden, erfordert außerdem eine zweite Lichtquelle und damit andere Lichtintensitätsverhältnisse. *Schumm* wendet in diesem Falle nach dem Vorgange von *Bürker* einen Albrecht Hüfnerschen Rhombus an, der durch seitliche Verschiebung vor den Spalt gebracht wird. *Löwe* hat ein *Kondensorsystem mit Hüfnerschem Prisma* konstruiert, das in vollkommenster Weise den gewünschten Zweck erfüllt. Eine nähere Beschreibung dieser Anordnung findet sich im Handbuch der biologischen Arbeitsmethoden von *Abderhalden Lieferung 205.* Hier sei nur erwähnt, daß bei richtiger Einstellung die beiden Spektren in vertauschter Höhenlage nur durch eine scharfe, fast verschwindende Linie getrennt erscheinen; die Einbeziehung der Kondensorlinse aus Glas oder Quarz schützt die empfindliche

scharfe Kante des Rhombus vor Beschädigungen. Die geschwächte
Intensität des Lichtes muß durch entsprechende längere Belichtung
ausgeglichen werden.

III. Lichtquellen.

Je nach Substanz, Temperatur, Druck und vielen anderen Bedingungen besteht eine Lichtstrahlung aus verhältnismäßig wenig Strahlenarten bis einer fast kontinuierlichen Folge von diesen; dazwischen gibt
es viele Übergänge. Erstere erzeugen sog. Linienspektren, welche insbesondere zur Einstellung, Eichung des Apparates und zur genauen
Wellenlängenbestimmung als Vergleichsspektren verwendet werden.
Zur Erzeugung von Absorptionsspektren greift man nur im Ultraviolett
auf sie zurück.

1. Lichtquellen zum Vergleich.

Sehr einfach sind Linienspektren durch *Flammenfärbung* zu erhalten:
Man bringt in die nicht leuchtende Flamme eines Bunsen- oder Terquem-
brenners auf ausgeglühter Platindrahtschlinge, Pt-Schiffchen oder nicht
mehr brauchbaren Bogenlampenkohlenstift ein Metallchlorid von Bari-
um, Ca, Lithium, Na usw. Rasch durchgeführt und billig liefern sie
nur wenige Linien und sind von schwankender Intensität. Ihr Verwen-
dungsbereich ist daher sehr eng.

Eine genügende Anzahl von Linien, gleichmäßig über das ganze
Spektrum verteilt, geben uns mehr oder minder die *Kathodenstrahlen
vieler Gase und Dämpfe.* Sie werden durch den Ausgleich hoher elektrischer Spannung bei starkem Unterdruck in Spektralröhren erhalten.
Sie sind zumeist nach dem Bonner Glasbläser *Geißler* benannt. Bekannt
als Herstellerin ist heute die Leipziger Glasinstrumentenfabrik Robert
Goetze. Die Form der Röhren ist zweckmäßig so zu wählen, daß die
Capillare, in welcher das eingeschlossene Gas besonders stark zum Leuchten kommt, in Längs- und Querdurchsicht aufgestellt werden kann.
(Elektrodenlicht, Hg-Füllung darf nicht stören.) Längsdurchsicht gibt
ein viel intensiveres Bild, bei Projektion mit einem Kondensor jedoch
eine fast nur punktförmige Linie. Type C der Goetze-Röhren kommt den
Anforderungen am meisten entgegen, hat diese Nachteile nicht und ist
außerdem mit Zylinder- bzw. Sekundärelektroden ausgestattet. Letztere
halten das eingeschlossene Gas sehr rein und werden selten heiß. Als
Füllung ist viel verwendet H, He und Hg. *H ist lichtschwach, He und
Hg ergänzen sich gegenseitig vorzüglich.* Neon liefert intensives Licht mit
vielen Linien in Rot und Grün, verbraucht sich aber verhältnismäßig
rasch. Die hauptsächlichsten Linien sind bei

H	He	Hg	H	He	Hg
—	7065	—	4340	—	4348
6563	6678	—	4102	4121	4078
(rot)			(violett)		

H	He	Hg	H	He	Hg
—	5876 (gelb)	5791	—	4027	—
—	—	5770	—	3964	3906
—	—	5461	—	—	—
—	5016	—	—	3888	—
4861 (blaugrün)	4922	—	—	3819	—
—	4713	—	—	—	3663
—	4472	—	—	—	3655
—	4388	4359	—	—	3560 usw.

Genügend hohe elektrische Spannung liefert ein Funkeninduktor von 3—5 cm Schlagweite; 2—3 Akkumulatoren hintereinander geschaltet sind die Stromquelle. Ruhig arbeitet ein Deprez-Unterbrecher, einige Kapazitäten (Leydener Flasche, Öl-, Paraffinkondensatoren) werden parallel eingeschaltet. Stets sind die Röhren nach Vorschrift zu speisen, andernfalls rasche Abnützung eintritt. Befestigt werden die Röhren zweckmäßig in schwenkbaren Gestellen, um sie in und aus der Richtung der optischen Achse des Kollimators während derselben Aufnahme bringen zu können. Feineinstellung der Röhrenlage ist sehr erwünscht. Vor Inbetriebnahme ist jede Röhre auf ihre Linien zu prüfen; fremde, unbekannte Linien sind mittels Nachschlagwerke, wie *Hagenbach* und *Konen*, Atlas der Emissionsspektra der Elemente, *Landolt-Börnstein*, Physikalisch-Chemische Tabellen, zu indentifizieren. Spektralröhren mit Uviolglas oder besser noch mit Quarzfenster lassen Strahlen bis 2530 bzw. 1850 AE durch. Zumeist verwendet man aber für das kurzwellige Gebiet Metallfunkenspektren oder Quecksilberdampflampen.

2. *Lichtquellen zur Erzeugung von Absorptionsspektren.*

Es liegt nahe, die natürliche Lichtquelle *Sonne* zu verwenden. Das Jahresmittel der Sonnenlichtstärke betrug nach Messungen in Kiel (s. *Weber* i. Hdwb. der Naturwissenschaften **1**, „Atmosphärische Optik") an der Erdoberfläche bei Zenitstellung rund 36 000 MHK (Meterhefnerkerze) und erstreckt sich das Sonnenspektrum vom Infrarot bis ins Violett. Im Infrarot liegen zahlreiche, hauptsächlich durch Wasserdampf- und Kohlensäuregehalt der Atmosphäre verursachte Absorptionsstreifen, ab 1940 AE läßt die gewöhnliche Luftzusammensetzung nur mehr wenig durch, um bei 1650 AE alles zu „verschlucken". Außerordentlich feine Vergleichswerte liefern die *Fraunhoferschen Linien*. Es kommen jedoch *dazu* noch, je nach den Verhältnissen in der Atmosphäre, *sog. atmosphärische Linien*, in Gruppen oft eng zu absorptionsbandähnlichen Erscheinungen aneinandergereiht, die sehr störend wirken können. Störend wirken aber auch noch andere Punkte. Von *Weber* (s. oben) wurde weiter bei den Intensitätsmessungen in Kiel als höchster Wert 154 300 MHK, als geringste 655 MHK in der Mittagszeit festgestellt.

Die Schwankungen sind also außerordentlich groß und bei vorbeiziehenden Wolken rasch. Die Bewegung der Erde um die Sonne setzt das Vorhandensein eines Heliostaten voraus. Es kommt also Sonnenlicht fast gar nicht, zerstreutes *Tageslicht* höchstens für orientierende Untersuchungen mit Handspektroskopen und dgl. in Anwendung.

Die *künstlichen Lichtquellen* haben natürlich auch ihre Fehler und Mängel, doch sind diese ein für allemal feststellbar als sicher gegeben in Rechnung zu setzen, denn bei sorgfältiger Auswahl, sachgemäßer Behandlung und richtiger Anwendung fallen die Schwankungen praktisch nicht merklich ins Gewicht. Brenndauer, Intensität und Intensitätsverteilung sind hier die Hauptsorgenkinder. *Auer* ist es nach vielen Versuchen gelungen, in dem Gemisch von 99% Thor umnitrat und 1% Cernitrat eine Masse zu finden, die durch die entleuchtete Bunsenbrennerflamme die größte Lichtemission unter den seltenen Erden zeigt. Das Auersche Gasglühlicht, 1891 erfunden, nahm einen raschen Siegeslauf, der erst durch die Lichtquellen der jüngsten Zeit aufgehalten wurde, und heute ist es nur selten mehr in Anwendung, bei weitem übertroffen vom elektrischen Lichtbogen. *Glühlampen* mit Metallfaden sind sehr handlich, gleichmäßig in der Intensität, jedoch von verhältnismäßig geringer Lichtstärke. Im Vergleich mit dem Tageslicht sind sie arm an violetten, reich an langwelligen Strahlen. Bei geringer Dispersion genügt ihre Helligkeit vollauf.

Bei der *Osram-Punktlichtlampe* findet die Lichtbogenentladung zwischen Wolframelektroden, Plättchen und Kugeln auf sehr kurzer Strecke statt. Zeiss-Jena liefert sie in Gehäuse auf Reiter oder rundem Fuß, verbunden mit aplanatischem Kollektor 1c und Irisblende. Bei Gleichstrom ist auf die Polarität vor Einschalten der Lampe wohl zu achten. Der Gang ist kurz folgender: Man bestimmt zunächst mit Polreagenspapier die Stromzuleitung, verbindet dann die mit eingewirktem roten Faden gekennzeichnete Strippe mit der Minuszuleitung, die Plusleitung läuft durch den Widerstand, an dessen Klemmen zugleich ein Voltmeter parallel eingeschaltet ist. Nach Stromschluß wird der Widerstand soweit verringert, bis die Lampe nach kurzem Anglühen zündet und die vorgeschriebene Spannung, z. B. 50 V erreicht ist. Ein- und Ausschalten der Lampe geschieht zweckmäßig nicht mit der Klemme an der Lampe, da letztere dadurch zu leicht aus ihrer Lage im Kugelgelenk gebracht werden kann. Ausrichten vollzieht man unter Beobachtung des Bildes auf dem Spaltdeckel (bei halb geöffneter Blende), das etwas größer als der Spalt sein darf und bei Vor- und Zurückdrücken der Lampe auf der optischen Bank seine zentrische Lage nicht verändern soll. Diese Punktlichtlampe ist eine vorzügliche, gleichmäßige Lichtquelle, die übrigens auch als *Mikroskopierlampe* für okulare Beobachtung als auch bei *Mikrophotographie* sehr gute Dienste leistet.

Vielerorts steht eine *Nernstlampe* zur Verfügung, die ebenfalls als vorzüglich für spektralanalytische Untersuchungen im sichtbaren Teil des Spektrums zu nennen ist. Der Lichtbogen spielt zwischen zwei porzellanartigen Stiften von seltenen Erden (Thorium, Zirkum mit etwas Didym, Erbium, Ythrium). Die Nernstlampe ist arm an kurzwelligen Strahlen; Zündung erfolgt erst nach Erwärmen.

Für die meisten biologisch-spektralanalytischen Untersuchungen im sichtbaren Gebiet genügen Punktlicht- oder Nernstlampe. Es kommen aber auch Sonderfälle vor, in welchen sie sich als viel zu schwach erweisen, auch bei tagelanger Belichtung von stark absorbierenden Stoffen ein Spektrum nicht zu erhalten ist. Hier muß die *Gleichstromkohlenbogenlampe* die Lichtquelle sein. Die positive Kohle brennt rascher ab, liefert sie doch auch bei nichtpräparierten Kohlen etwa 85% des gesamten ausgestrahlten Lichts; sie ist daher entsprechend stärker zu nehmen. Der Verzehr der Kohlenspitzen macht ein Nachverstellen notwendig, das mit der Hand oder automatisch geschehen kann. In indifferente Gase gebracht, wandert der Lichtbogen stark auf und ab; diese Anordnung ist also für vorliegende Untersuchun-

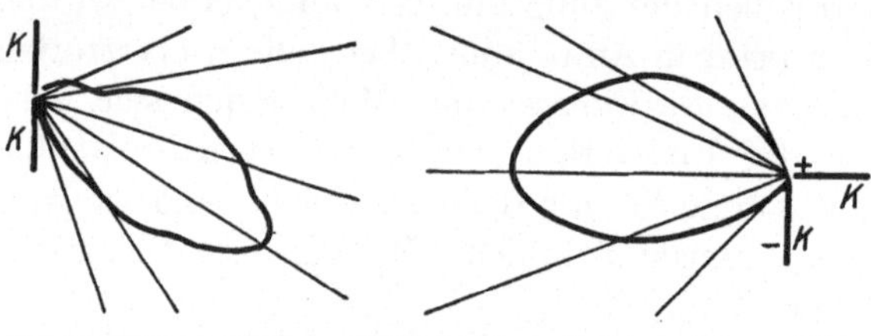

Abb. 3. Kurven der Intensitätsverteilung des Bogenlampenlichtes bei verschiedener Stellung der Kohlen (schematisch). *K* = Kohle.

gen nicht vorteilhaft. Die räumlich ungleichmäßige Intensitätsverteilung der Lichtbogenentladung zeigt die Abb. 3. Aus diesen Skizzen geht auch hervor, um wieviel mal besser die Anordnung der beiden Kohlen in einem Winkel von 90° zueinander wirkt: Die Lichtausstrahlung der positiven Kohle ist nicht mehr um den Schatten der Negativkohle (etwa 40%) geschmälert, der Krater der Pluskohle bleibt immer in der Achse der vorgestellten Sammellinse bzw. des Kollimators. Letzteres ist bei kurzen Belichtungszeiten besonders wertvoll. Es wird das *Wandern der Leuchtfläche* weniger störend empfunden, und verstärkt man diese Wirkung durch Tränken der Kohlen mit sog. *Leuchtzusätzen* (Pd, Uran-, Eisenwalze usw.), die nicht nur besonders starke Lichtwirkung hervorrufen, sondern auch die Leuchtfläche des Bogens mehr auf die Kraterfläche der Pluskohle zusammenziehen, punktförmiger machen. Ein möglichst geringer Durchmesser der Kohlen arbeitet ebenfalls in dieser Richtung. Genügen kurze Belichtungen zur Beobachtung wie Aufnahme, dann hat die Handregulierlampe vielleicht den Vorzug, sonst aber sind die selbstregulierenden Kohlenbogenlampen entschieden vorzuziehen. Man darf wohl sagen, daß die „*selbstregulierende Nebenschlußbogenlampe, System Weule*" (= Weulelampe) zur Zeit die beste ihrer Art ist, die sich auf dem Markt befinden. Ausführliche Beschreibung und Vorschriften über die Behandlung sind näher in der *Zeiss-Druckschrift Mikro 316* nachzusehen. Hier nur einige gemachte Erfahrungen: Die neuen Weulelampen benötigen zur Regulierung das Einschalten einer besonderen Glühlampe nicht mehr. Bei Einhalten von genau 5 Amp. Stromstärke — bei Heißwerden des Widerstandes muß dieser nachgestellt werden — beträgt die Brenndauer rund 58—61 Min. Bei stundenlangen Aufnahmen ist Sorge zu tragen, daß der Widerstand möglichst viel Wärme an die umgebende Luft abgeben kann, also freisteht, aber nicht in der Nähe des Spektralapparates! Wie der Widerstand zu groß wird, erfolgt die Nachregulierung erst in größeren Zeiträumen, der Lichtbogen wandert stärker und stört dies bei unvergrößerter Abbildung desselben auf den Spalt. Nach Neueinsetzen von Kohlen ist großes Augenmerk auf den richtigen Abstand von Plus- und Negativkohle voneinander zu richten; ungefähr 2 Min. vergehen, bis der Bogen eine fast vollkommen ruhige Lage einnimmt. Während des Abbrennens wird dann vorteilhaft die Pluskohle wiederholt etwas zurückgezogen, und man kann es so erreichen, daß praktisch auch bei weitwinkeliger Strahlung fast keine Bildortsveränderung eintritt. Nachdem die Vergleichsspektren (s. weiter unten) zwischen $^1/_{100}$ bis 4 Sekunden nur belichtet werden, ist es sehr ärgerlich, wenn gerade während der Belichtungszeit die untere oder obere Hälfte des Spaltes stärker beleuchtet ist als die andere. Hier kann nicht Sorgfalt genug angewendet werden.

Das Spektrum der Weulelampe weist in Aufnahme 42, auf Perutz-Tele-Platte, abgelesen an mitphotographierter Wellenlängenskala, die folgenden Linien auf: $\left.\begin{array}{l} 5890{,}5\ \mathrm{AE} \\ 5896{,}5\ \mathrm{AE} \end{array}\right\}$ *weiß,* also durch Umkehr entstanden; sie entsprechen den Na-Linien, aller Voraussicht nach durch den Na-Gehalt der Kohlen oder der Luft im Lichtbogen entstanden, die Emissionen weiter rückliegender Zonen des Lichtbogens werden durch vorgelagerte Emissionen absorbiert. 5163 AE (*Pd* hat eine starke Linie bei 5164 laut *Formánek*; der Unterschied von einer AE dürfte der Wellenlängenskala und ihrer Aufnahme zugeschrieben werden, denn auch die He-Linie 5016 steht auf 5014 der Wellenlängenskala). Weitere Linien sind bei 4214, 4196, 4179, 4167, 4146, 4150, 3883, 3869, 3861, 3852, 3850. Diese Linien wurden ebenfalls unter dem Meßmikroskop an der Wellenlängenskala abgelesen. Eine genaue Identifizierung durch Interpolation vorzunehmen, lag keine Notwendigkeit vor. Sie sind nach Rot schärfer abgegrenzt und dürften aller Wahrscheinlichkeit nach dem Kohlespektrum angehören. *Die Linien 5896, 5890, 5163 sind sehr willkommen;* sie gestatten stets einen Vergleich zu ziehen über die Lage der mitaufgenommenen Wellenlängenskala. Nachdem die Ablesungsfehler der letzteren höchstens $\perp$ 3 AE betragen, die späteren Messungen dieser Arbeit aber keine größere Genauigkeit wie $\pm\,5$ AE genauestenfalls verlangen, so konnte ich mich zur Abmessung auf die Aufnahme der Wellenlängenskala allein beschränken.

Alle vorgenannten Lichtquellen: Sonne, Glüh-, Punktlicht- und Bogenlampe liefern uns nur ein Spektrum bis rund 3000 AE brauchbar. Für *Untersuchung im kurzwelligen Gebiet* müssen andere angewendet werden. *Metallichtkohlen, kondensierte Funken von Ni, Al oder Hg-Dampflampen. Fe, Cu werden in Form von Stiften* als Elektroden benutzt oder gleich den leichter schmelzbaren Metallen, wie Al, Cd, Ag, Pb in ausgehöhlte Positivkohlen einer Bogenlampe eingefüllt. Ihre Salze, Oxyde werden ebenso verwendet oder die Kohlen damit getränkt. Da sie Linienspektren und zumeist sehr reich an Linien liefern, muß man sich erst mit Hilfe eines bekannten, weniger linienreichen Spektrums, das so aufgenommen wird, daß es etwas in das unbekannte Spektrum hineinragt, zurechtfinden. *Knop* führt in *Formánek* II, 3[1], stark gekürzt wiedergegeben, ungefähr folgendes aus: „Eisenstäbe von etwa 7 mm Stärke werden in Entfernung von etwa 6 mm befestigt. Speisung mit Gleichstrom, 4 A, Netzspannung 220 V; bei 110 V etwa 5 A. Anzünden durch schnelles Hindurchziehen eines Metallstäbchens. Stets vor Beginn die Fe-Stäbe mit einer Feile von F_2O_3 reinigen und zuspitzen. Das Fe-Bogenlicht gibt rund 5000 Linien bis etwa 2200 AE herunter. Wichtig ist, die Stellen schwächerer Intensität genau zu kennen (gleich anderen Lichtquellen auch hier Vergleichsspektren anwenden, d. Verf.). Fast kontinuierliches, gleichmäßiges Spektrum liefern Legierungen von Cd, Sn, Pb, Zn, Al. Gewisse Nachteile bestehen: Schmale, starke Linien, die von Verunreinigung der Kohle mit Cu, Na, Fe, Mg, Si usw. herrühren, weiter Cyan- und Kohlebanden treten mehr oder minder stark störend auf, besonders in solchen Fällen, da Absorptionsstreifen mit ihnen zusammenfallen. *Hilger-London* stellt nach Untersuchungen von *Jones getränkte Kohlen her.* Die Unmenge von fein- und gleichmäßig verteilten Linien bildet im Spektrum einen fast ununterbrochenen Hintergrund, auf dem sich verhältnismäßig wenig stärkere Linien des Uran, Molybdän und des Wolframs sowie die metallischen Verunreinigungen der Kohle hervorheben. Diese Linien geben Standardmaße, während der fast kontinuierliche Hintergrund die Feststellung der Absorptionsgrenzen ermöglicht. Stromstärke, Spannung, Kapazitäten, Funkenlänge, Unterbrechungsart des Hauptstroms und Belichtungszeit müssen ein für allemal ausprobiert werden. Eine vollständig kontinuierliche Lichtquelle für Ultraviolett ist der kondensierte Funke zwischen etwa 2 mm dicken Al-Drähten unter Wasser; sie ist lichtschwach und rasch trübe." *Hüttig* und

---

[1] *Formánek* und *Grandmougin*, Untersuchung und Nachweis organischer Farbstoffe auf spektroskopischem Wege. **1926.**

Keller zeigen in ihrer Arbeit sehr schön die Verwendung eines *konden-sierten Nickelfunkens* zur Aufnahme von Absorptionsspektren. Nachdem *Heraeus-Hanau heute Hg-Dampflampen* in großer Vollkommenheit liefert, zum Teil ganz in Quarz gefertigt, bogen- und punktförmig, kommen diese in erster Linie für biologisch-spektralanalytische Untersuchungen in Frage, zudem sie weiter auch für viele andere Arbeiten verwendet werden können. Bei allen diesen Arbeiten darf nie vergessen werden, Augen und Haut vor den chemisch so wirksamen kurzwelligen Strahlen zu schützen. Nach neueren Untersuchungen *sollen allerdings erst die Strahlen unter 2800 AE physiologisch schädlich* wirken. Auch bei Verwendung der Weulelampe ist zur Einstellung zweckmäßig eine *Rauchglasbrille* aufzusetzen.

Zu sämtlich angeführten Lichtquellen gehört eine Sammellinse, um die Leuchtfläche auf den Spalt abzubilden. Für das sichtbare Gebiet ist ganz vorzüglich der Aplanatische Kollektor mit Irisblende *1c von Zeiss.* Die Brennweiten sind rund 95 und 65 mm. Im Ultraviolett verwendet man Quarzlinsen. Weiter ist für kurze Belichtungszeiten ein *Momentverschluß* nötig. Als solcher kann eine Scheibe mit Sektorausschnitt und Bleigewicht für Verschlußstellung dienen. Variationen sind bei einem solchen Zeitverschluß möglich durch mehrmaliges Vorbeidrehen, wie andererseits durch Verstellen oder teilweises Verkleben der Öffnung mit schwarzem Papier. Er kann gleichzeitig als Blende verwendet werden; sonst ist auch eine Blendenkappe aus schwarzem Papier und Heftnadeln hergestellt, die man über den Kollektor stülpt, gut zu verwenden.

Nie dürfen Lichtquellen mit starker Wärmeentwicklung, wie z. B. die Weulelampe, ohne *Wärmefilter* verwendet werden. Man versteht darunter eine Cuvette, gefüllt mit einer Kühlflüssigkeit; 50 g Mohrsches Salz werden im Mörser zerrieben und in 250 g destilliertem Wasser gelöst, dann durch ein Hartfilter (ein gewöhnliches Filter verdirbt mehr als es gut macht) filtriert, in die Cuvette gefüllt und einige Tropfen verdünnter Schwefelsäure zugegeben. Die Schwefelsäure muß ganz rein sein. Je nach Benutzung wandelt sich die schwach grünliche Filterflüssigkeit allmählich in Gelb um; wie sich die ersten Anzeichen der Gelbfärbung zeigen, muß eine neue Lösung angesetzt werden. Gestellt wird das Wärmefilter zwischen Kollektor und Untersuchungssubstanz. Das Wärmefilter schwächt die Lichtstärke und verändert das Spektrum; es ist daher selbstverständlich, das Vergleichsspektrum unter den gleichen Bedingungen aufzunehmen.

Einfarbiges Licht erhält man durch Monochromatoren (= Spektralapparat mit Austrittsspalt an Stelle des Okulars) oder durch Vorschalten von entsprechenden Lichtfiltern. Die Lichtfilter sind vor Gebrauch zu prüfen. Sie alle schwächen das Licht mehr oder minder stark.

Eine genaue Kenntnis der verwendeten Lichtquelle ist unbedingte Voraussetzung, soll viel Verdruß, Arbeit und Zeit bei Aufnahme von Absorptionsspektren erspart bleiben.

IV. Die Photographie des Spektrums.

Die Photographie gehört zu den Methoden der objektiven Photometrie, und es ist ihre Aufgabe, in der Spektralanalyse

a) als Agens jener Strahlenarten zu wirken, die das menschliche Auge nicht mehr empfinden kann,

b) alle Formen der strahlenden Energie, die man Licht nennt, zu registrieren.

Die Photographie zeigt uns die Verhältnisse in Strahlungen kurzwelliger Natur, solche von zeitlich sehr begrenzter Dauer oder von geringer Intensität im besonderen; im allgemeinen gibt sie uns aber den objektiven Beleg des entstehenden Spektrums. Dadurch werden neue Gebiete erschlossen, bekannte den feinsten Messungen zugänglich gemacht, ein weiterer Weg zur Erforschung der Konstitution von Atom und Molekül frei. Thermoelemente und Bolometer bilden bei diesen Arbeiten die Ergänzung, während man früher allein auf rein subjektive Beobachtung und darauf aufbauenden Tabellen mit graphischer Darstellung angewiesen war.

1. Eigenschaften der Platte.

Nicht jede photographische Platte kann diesen Aufgaben gerecht werden, und *es gibt keine, die allen Anforderungen entspricht.* Hier heißt es gar oft zugunsten des einen anderes vernachlässigen, dem gewollten Zweck am meisten nützende Kompromisse schließen.

a) Wiedergabe kleiner Abstände.

Das Auflösungsvermögen der Platte hängt von der Größe und Lichtempfindlichkeit der Halogensilberteilchen in der Gelatineschicht ab. Man kann für den Durchschnitt angeben, daß die Körnchen gleichmäßig in der Emulsion liegen, zwischen sich einen Abstand ungefähr gleich groß ihrem Durchmesser. Bei auffallender Strahlung werden die getroffenen Teilchen selbst wieder Strahlungszentren, die um so größer ausfallen werden, je größer das Halogensilberteilchen ist. Das Endresultat ist eine je nach Intensität, Art und Dauer der einwirkenden Strahlen verschieden große Verbreitung der auffallenden Strahlen, die Körnchen ballen sich zusammen oder, um einen biologischen Ausdruck vergleichsweise zu benützen, sie agglutinieren und es tritt die Erscheinung der Schwärzung ein. *Zwei Schwärzungserscheinungen* können nur getrennt werden, wenn sich zwischen ihnen mindestens ein unverändertes Körnchen befindet, der Abstand der Schwärzungsränder also mehr als 3 Teilchendurchmesser groß ist. In neuerer Zeit sucht man die Wirkung des einzelnen Halogensilberkörnchens als sekundäres Strahlungszentrum (*Diffusionslichthof*) durch *Anfärben* abzuschwächen, während die *Lichthoferscheinungen durch Rückwerfung an der Gelatineunterlage* zur Zeit allein am besten durch *Einschalten einer braungefärbten Schicht* zwischen Emulsion und Unterlage unterbunden wird. *Hochempfindliche Emulsionen* — Rapidplatten — haben fast ausschließlich *größeres Korn* als die Platten, welche zwar feiner zeichnen, aber längere Belichtungszeit benötigen. Emulsionen mit sehr feinem Korn haben fast regelmäßig einen sehr hoch gelegenen „*Schwellenwert*" (s. später), der mitunter von *einer schwachen Lichtwirkung* auch bei noch so langer Belichtung *nicht erreicht* werden kann. Für solche Fälle sind sie unbrauchbar. Der Zukunft bleibt es vorbehalten, hochempfindliche kornlose Emulsionen frei von diesen Fehlern zu bringen.

Der Abstand zweier feiner Linien kann weiter vom *Verziehen* der Schicht durch Entwickeln, Fixieren, Wässern beeinflußt werden. Diese Erscheinung fällt aber für biologische Untersuchungen nicht ins Gewicht, da sie durchschnittlich kleiner wie 0,02 % ist, örtliche größere Verzeichnungen selten vorkommen. Außerdem werden diese Fehler durch das mitaufgenommene bekannte linienreiche Vergleichspektrum, das zur Interpolation dient, eliminiert.

b) *Wiedergabe der einwirkenden Lichtmenge.*

Unter „*Schwärzung*" versteht man den Logarithmus aus der Opazität (= log. auffallendes Licht — log. durchgehendes Licht). Der Verlauf der Schwärzung mit zunehmend einwirkender Lichtmenge wird graphisch durch die Schwärzungskurve dargestellt. Wie Abb. 4 schematisch zeigt, ist diese Funktion nicht linear, sondern die Schwärzungskurve verläuft S-förmig. Den Anfang der für das Auge erkennbaren Schwärzung (Beginn der Kurve) nennt man — etwas unsachlich — *Schwellenwert*. Alles nach Überschreiten des ersten Maximum *Solarisation*.

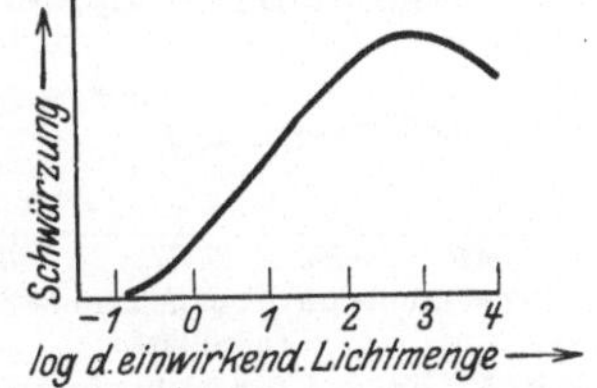

Abb. 4. Schema einer Schwärzungskurve.

Die Schwärzungskurve zeigt je nach Emulsion verschiedene Form und wechselt wahrscheinlich außerdem noch innerhalb dieser mit der Strahlenart. Je härter eine Platte arbeitet, um so steiler steigt der gerade Teil der Schwärzungskurve an. Der Verlauf der Schwärzungskurve bringt es mit sich, daß der Begriff „*Empfindlichkeit*" einer Emulsion keine Konstante ist, sondern je nach der Anforderung — ob nur sichtbare Schwärzung, genau wiedergegebene Helligkeitsunterschiede oder gar Einzelheiten im Schatten verlangt werden — verschieden ist. Aus diesen Gründen gibt es auch keine Methode zur eindeutigen Bestimmung der Lichtempfindlichkeit, geben die Angaben der Emulsionshersteller, z. B. *die Angabe 17° nach Scheiner, nur beschränkten Aufschluß.* Für spektralanalytische Untersuchungen gilt das ganz besonders und kann nur eine Reihe variierender Aufnahmen den Tatsachen entsprechenden Einblick geben. Der Verlauf der Schwärzungskurve ist verschieden je nach Emulsion, Entwickler und Strahlenart.

c) *Wiedergabe der einwirkenden Strahlenart (Farbe).*

Während das Auge im Durchschnitt folgende relative Helligkeiten im prismatischen Sonnenspektrum (nach *Fraunhofer*) empfindet

Wellenlänge	6870	6560	5890	5610	5270	4860	4310	3970
Prozent der Empfindlichkeit	3	9	64	100	48	17	3	0,6

(Entnommen Handwörterbuch der Naturwissenschaften 3. „Farbe".)

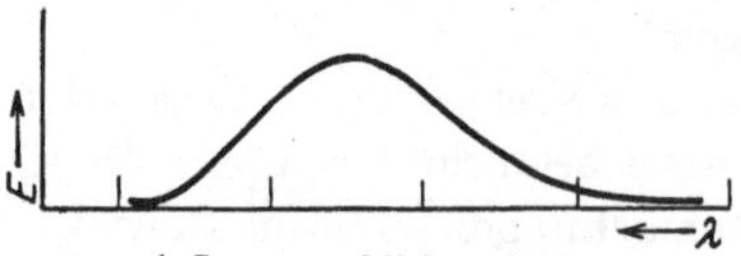

das Maximum der Lichtempfindlichkeit also im Grüngelb liegt, wird die Emulsion einer gewöhnlichen handelsüblichen Trockenplatte innerhalb der Wellenlängen von etwa 5000—2200 AE mit ganz anderer Abstufung, Maximum bei 4900 (*Grünblau*) von einwirkendem Licht geschwärzt. Die Abb. 5 zeigt schematisch vorerwähnte Verhältnisse. Diese einseitige Wirksamkeit aufzuheben ist Aufgabe der *Sensibilisation*, welche versucht, durch Anfärben (Sensibilisieren) mit gewissen Farbstoffen (Sensibilisatoren) die Reagierfähigkeit der Plattenemulsion auch auf das langwellige Gebiet auszudehnen. *Vogel* hat diesen Weg gewiesen, *Abney* gelang es zuerst mit infrarotempfindlichen Platten bis Wellenlänge 27000 AE-Schwärzung zu erhalten. Es gibt aber keine Emulsion, die ein Agens für Wellenlängen

1. Im menschlichen Auge.

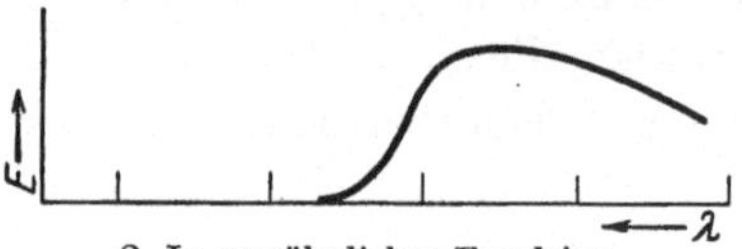

2. In gewöhnlicher Emulsion.

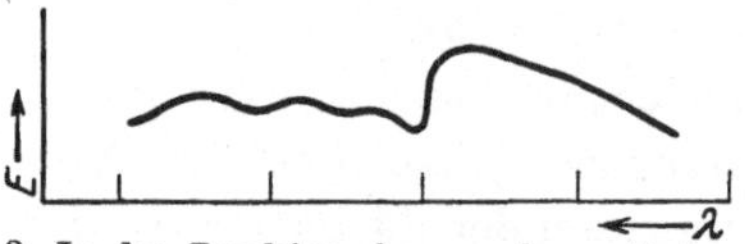

3. In der Emulsion der panchromatischen Perutz-Perchromo-B-Platte.

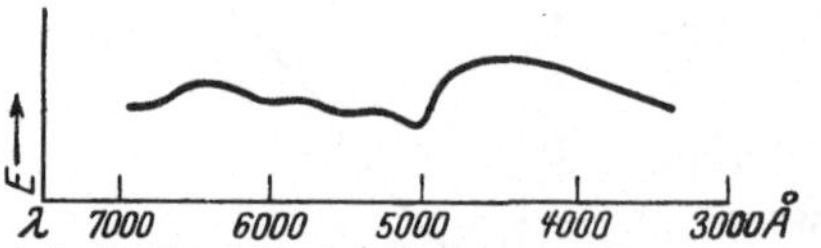

4. In der Emulsion der panchromatischen Perutz-Tele-Platte.

Abb. 5. Kurven der Lichtempfindlichkeit für die verschiedenen Strahlenarten (schematisch). E = Stärke der Lichtempfindlichkeit; λ = Wellenlänge der einwirkenden Strahlenart.

von 27000 bis 1850 (ab hier absorbiert Gelatine alle kurzwelligen Strahlen) zu gleicher Zeit wäre, noch viel weniger eine solche, die, wenn auch nur innerhalb eines Intervalls von 2000 AE, durch alle auffallenden Wellenlängen gleich geschwärzt würde. Immer ist innerhalb des ausgenommenen Spektralbereiches die Reduktion der Halogensilberkörnchen durch die verschiedenen Strahlenarten eine verschiedene, stets, auch bei Anwendung des besten Sensibilisators, treten schwache Streifen auf: Die sog. *Eigen-*

minima (*Plattenminima*). Eigenminima sind also gegebene Unvoll-
kommenheiten, die wahrscheinlich durch die Absorptionsbänder der
als Sensibilisatoren verwendeten Farbstoffe bedingt werden. Fallen
Eigenminimum und schwacher Absorptionsstreifen des untersuchten
Stoffes zusammen, so ist es besser, womöglich einen anderen Sensibili-
sator zu verwenden, der an der fraglichen Stelle kein Minimum der
Reagierfähigkeit aufweist. (S. die Aufnahmen von Haarfarben auf
Teleplatte.) Erythrosin, Cyanin, Alizarinblau und ähnliche Farbstoffe
fanden früher viel Verwendung als Anfärbemittel *Schumm*[1] benutzt
zur spektrographischen Untersuchung des Blutfarbstoffes eine sog.
R.-T.-Diapositivplatte, die er in einer Isokollösung von folgender Zusammensetzung: 5 ccm Isokollösung, 32 ccm 98proz. Alkohol, 1 ccm
Salmiakgeist (s = 0,96), 62 ccm destilliertes Wasser, 4 Min. badet. Nach
Schumm eignet sich die so vorbereitete Platte zur Aufnahme der im Rot
liegenden Streifen des Methämoglobins, des sauren Hämoglobins ebenso-
gut wie zur Wiedergabe der im Violett liegenden Streifen des Blutfarbstoffes und seiner Umwandlungsprodukte. *Lewin* und *Stenger*[2] verwenden ebenfalls Isokolbadeplatten, bei welchen, wie sie ausführen, die meist
sehr stark ausgeprägte Blaugrünlinie zwischen Wellenlänge 4800 und
5200 AE nur angedeutet ist und die Sensibilisierungsmaxima in den
Wellenlängen 5300, 5800 und 6200 AE in ihrer Stärke fast gleich und
nur durch eine geringe Abnahme der Empfindlichkeit differenziert sind.
Weidert[2] badet mit Pinachromviolett-Pinaverdol (der Höchster Farb-
werke) in alkoholisch-wässeriger Lösung; das aufgenommene Spektrum
soll ein bis etwa 6800 hindurch fast vollkommen gleichmäßig geschwärz-
tes Band sein, während bei längerer Belichtung bis 7200 AE mit abfallen-
der Stärke Schwärzung eintritt. Die genügend haltbaren Platten sind
sauber und klar. Ich selbst verwendete an Badeplatten *rotempfindliche
Badeplatten, von Herrn Dr. v. Oven* in liebenswürdiger Weise angefertigt
und zur Verfügung gestellt, und mit Pinaflavol sensibilisierte Teleplatten.
Pinaflavol (Hersteller I. G. Farben-Industrie) ist ein gelber Farbstoff,
konzentriert rot, der besonders die Reagierfähigkeit für Grün steigert,
das so störende Minimum bei 4950 vermindert, im ganzen also geeignet
erscheint, die Lücken der Teleplatte bei besonderer Feinheitsbeanspru-
chung abzuschwächen. Platte 120 (Abb. 13) zeigt das Schwärzungsband bei verschiedener Belichtungszeit der mit Pinaflavol sensibili-
sierten Teleplatten. *Das Baden* wurde in einwandfreier Dunkelkammer,
bei völliger Dunkelheit abends vorgenommen. Jede Platte kommt in
die Schale mit der Badeflüssigkeit (100 ccm dest. Wasser, 3 ccm Pinaflavol 1 : 1000) 3 Min. lang unter ständigem Bewegen, dann ohne vorher
abzuspülen auf den Ständer. Über den Ständer wurde zuletzt ein

---

[1] *Abderhalden*, Handbuch der biologischen Arbeitsmethode. Lfg. 43.
[2] Z. wiss. Photogr. **21** (1922).

schwarzer Blechkasten gestülpt, der in einfachster Weise Licht abhält und doch Luft zirkulieren läßt. Ein weiteres Bedecken mit schwarzem Tuch empfiehlt sich nicht, da sonst die Platten innerhalb 8 Stunden nicht trocken werden; am Morgen konnten dann die Platten (vor Tagesanbruch) trocken verpackt werden. Steht ein Ventilator zur Verfügung, so ist dieser zur raschen Trocknung von außerordentlichem Vorteil, die Platte bleibt dann um so klarer. Um beim Verlassen der Dunkelkammer eindringendes Licht zu vermeiden, war auch der Vorraum verdunkelt. *Das Auftreten von Behandlungsfehlern*, wie Schleierbildung, auffallender Staub sowie die je nach Emulsion *oft nur eintägige Haltbarkeit der Badeplatten* begrenzen ihre Verwendung nur auf die notwendigsten Fälle und es sind zweckmäßiger die im Handel befindlichen rotempfindlichen Platten, soweit sie genügen, zu verwenden. In dieser Arbeit wurden *Perutz-Perchromo B und Perutz-Teleplatten* verwendet. Die panchromatische Perchromo B-Platte benötigt durchschnittlich die 4fache Belichtungszeit als die Teleplatte, reagiert bis 7100, ist lichthoffrei, hat feines Korn. Sie zeigt bei abnehmender Belichtung 3 Minima, 2 schwache zwischen 6150—6000 und 5550—5380 und ein starkes zwischen 5150 und 4900 AE. Die Perutz-Panchromatische Rapidplatte (Teleplatte), 17° Scheiner, reicht bis 6900, hat trotz feinem Korn große Empfindlichkeit und wurde als sehr brauchbar befunden. Besonders vorteilhaft ist die so gleichmäßige (wenn auch abnehmende) Schwärzung zwischen 6700 und 5300, welche auch schwächste Absorptionsstreifen erkennen läßt. Das sehr schwache Minimum bei 6200—6050 fällt kaum ins Gewicht. Die Teleplatte darf wohl als sehr geeignet für Absorptionsspektren im Wellenlängenbereich 6600—5400 angesprochen werden. Die *mit Pinaflavol sensibilisierte Teleplatte führt ein verhältnismäßig sehr gleichmäßiges Schwärzungsband von 6800—3800 AE.* Agfa-Panchromatische und Schleußner Fabrikate standen nicht zur Verfügung; die berühmten Panchromatik-Plattes von Wratten and Wainwright Limited, Croyden, konnten leider nicht erlangt werden. Man versäume nie bei panchromatischen Platten, wie auch bei solchen die sensibilisiert werden sollen, vor Ankauf die Emulsionsnummer und damit den Tag der Herstellung festzustellen, möglichst ganz frische Ware zu verlangen. Die Trockenplattenfabriken kommen hier in weitgehendstem Maße entgegen. Bei kühler, lichtdichter Aufbewahrung zeigten sich Perutz-Teleplatten noch nach 6 Wochen unverändert.

Orthochromatische Platten (z. B. *Perutz-Braunsiegel, Hauff-Flavin*) reichen durchschnittlich bis 5800 höchstens 6000 AE. Farbenplatten und Lumière-Autochromplatten kommen natürlich für genauere spektralanalytische Untersuchungen nicht in Betracht. Der vielfach erwähnte Ausgleich der Plattenminima durch entsprechende Filter führte in dieser Arbeit nicht zum Ziel.

2. Gewinnung von Negativen.

Zunächst gilt es das aufzunehmende Spektrum auf der Mattscheibe zu beobachten. Scharfeinstellung vorausgesetzt, wird das Spektrum bei verschiedenen Spaltweiten, Schichtdicken beurteilt, um einen Anhaltspunkt für die anzuwendenden Belichtungszeiten zu gewinnen. Bei Absorptionsspektren soll *die schwächste Bande noch kräftig* auf die Platte kommen *und* mindestens noch *einige Aufnahmen dem Verklingen des stärksten Minimums folgen.* Eine Einstellupe tut gute Dienste. Vergleichsspektren sind nicht zu vergessen. Kurzwellige Strahlungen zeigt das fluoreszierende Uranglas dem Auge. Nach Öffnen der Kasette ist der Apparat möglichst vor jeder Erschütterung zu bewahren, die Kasette nicht vor Aufnahme des Vergleichsspektrums zu schließen; nur so kann es verhindert werden, daß die Platte während dieser 2 zusammengehörenden Aufnahmen ihren Ort nicht verändert. Bei notwendigen Mehraufnahmen untereinander verwendet man in diesem Falle die *Spaltschiebeblenden.* Soll auf Grund des Vergleichsspektrums gemessen werden, so nimmt man jene Spaltschiebeblenden, welche die beiden Spektren etwas ineinandergreifen läßt. Gilt es das Absorptionsvermögen einer Substanz für bestimmten Strahlenartenbereich festzustellen, so ist die genaueste Versuchseinstellung die, daß das *Vergleichsspektrum* gleichzeitig durch dieselbe Lichtquelle (Hüfnerscher Rhombus) erzeugt wird und die einwirkende Lichtmenge eine genau feststellbare (durch rotierenden Belichtungssektor, bekanntes Filter) Abschwächung so erfährt, daß gleichgroße Schwärzung erzeugt wird. Bei stark unterschiedlichen Spektren kann es vorkommen, daß ein Bezirk bereits solarisiert wird, während ein anderer Teil desselben Spektrums überhaupt noch keine erkennbare Schwärzung hervorrufen konnte. In diesem Fall muß jeder Teil des Spektrums für sich in Versuchsreihe genommen werden.

Ist die Leuchterscheinung so kurz oder so schwach, daß eine erkennbare Schwärzung — der „Schwellenwert der Emulsion" — auch bei sehr langer Belichtungszeit nicht erreicht wird, dann ist die gestellte Aufgabe nicht zu lösen, wenn nicht eine andere Versuchsanordnung noch mehr wirksame Lichtmengen liefert. Hier sind die Untersuchungen von *Hornschu*[1] wertvoll und reich an Hinweisen. Das nächstliegende ist die Lichtquelle so nahe an den Spalt zu bringen als eine Beschädigung des Spaltes nicht zu befürchten ist. Ein entsprechend aufgestellter Kollektor bringt die Leuchtfläche unter größerem Winkel auf den Spalt, was solange von Wert ist als der von Spalt und Kollimatorlinse gegebene Raumwinkel nicht vollkommen von Licht erfüllt ist. Prismen haben keine Lichtverluste durch Spektren 2., 3. Ordnung usw. Geringe Dispersion und größere Spaltweite geben auf Kosten der Reinheit ein helle-

---

[1] *Hornschu,* Über die Spektrographie lichtschwacher Leuchterscheinungen. Diss. Marburg 1908.

res Spektrum. Eine Vergrößerung des Raumwinkels von Kollimator-
und Objektivlinse lassen ebenfalls auf Kosten der Reinheit größere
Helligkeit gewinnen. Da die Linsendurchmesser zu vergrößern bei apl.
Quarz-Fluorit-System wirtschaftlich nicht durchführbar ist, muß die
Brennweite entsprechend verkürzt werden. Zur Überprüfung der Rein-
heitsgrenze nimmt man ein entsprechend enges linienreiches Spektrum
auf. *Hornschu* empfiehlt zur Vermeidung einer Entwicklungsirradiation
die ,,*Tiefenentwicklung*''. Der Entwickler wirkt bei Anwesenheit von
Alkali rascher. Bringt man daher die belichtete Platte zunächst in
eine Pottaschelösung, spült dann oberflächlich ab, so befindet sich in
der der Glasseite zugewendeten Schichtseite noch Alkali. Jetzt in den
alkalifreien Entwickler gebracht, arbeitet dieser in der Emulsion von
unten nach oben. Die Absorptionsstreifen erkennt man am besten,
wenn man die halbentwickelte Platte gut beobachtet. *Fischer*[1] empfiehlt
daher, in diesem Augenblick die Grenze der Absorptionsstreifen durch
Einritzen mit einem Messer festzulegen, da sie später durch das Fixieren
recht undeutlich werden, ja, wenn sie sehr schwach sind, sogar wieder
verschwinden. Bei panchromatischen Platten haben solche Arbeiten
zur Voraussetzung, mit Pinakryptol-Grün oder Phenosafranin, das dem
Entwickler am einfachsten zugesetzt wird, zu arbeiten. Die in vielen
Lehrbüchern empfohlene grüne Lampe kann nur dort verwendet werden,
wo die zu entwickelnde Platte für das durchgelassene Licht ein Minimum der Reagierfähigkeit aufweist. Man darf aber im allgemeinen sagen,
daß *Arbeiten mit panchromatischen Platten am besten in der Dunkelkammer bei vollständiger Lichtfreiheit* durchgeführt werden. Ein Minuten-
wecker oder Auszählen bestimmt die durch Versuche erprobten Zeiten.
Entwickler sind Glycin, Rodinal, Perinal. Ich habe für Perutzplatten
Perinal als am besten gefunden, 1 : 20 verdünnt, ohne Bromkali,
10 Min. entwickelt, 1 Min. abgespült, 20 Min. stehen im sauren Fixier-
bad, 1 Stunde wässern. Während des Entwickelns deckt man vorsich-
tigerweise einen Lichtschutz über die Entwicklerschale. Auf Temperatur (18—20°) ist zu achten, ebenso ein Temperaturunterschied von Entwickler und Abspülwasser zu umgehen, sonst tritt starke Kräuselung
der Randschichten ein. Eine endgültige Untersuchung über das Ver-
halten der verschiedenen Emulsionen zu den oben erwähnten ,,Desensi-
bilisatoren'' ist noch nicht erfolgt.

3. Herstellung von Abzügen.

Die Papierabzüge wurden in gewöhnlicher Weise mit dem hart-
arbeitenden Gaslichtpapier ,,Sunotyp S 4'', hart glänzend, gewonnen;
Entwickler Metholhydrochinon mit viel Bromkali. Um die feinen Hg-
Linien 5770 und 5791 zu erhalten, muß meistens unterbelichtet werden.

---

[1] *Fischer*, Spektrographische Studien. Diss. Braunschweig 1912.

V. Das Zeiss-Gitterspektroskop mit Kamera nach Löwe.

Die endgültigen spektralanalytischen Untersuchungen wurden mit einem Zeiss-Gitterspektroskop mit Kamera nach *Löwe* durchgeführt. Zubehör: Quarzkondensor mit Hüfnerschem Prisma, Osram-Punktlichtlampe, Weule-Lampe, Kollektor 1c, Quarzlinse, Baly-Rohr, optische Bank mit Haltern (Reiter), Geissler-Röhren usw. Auf Näheres über Aufstellung, Einstellung des Apparates kann hier nicht eingegangen

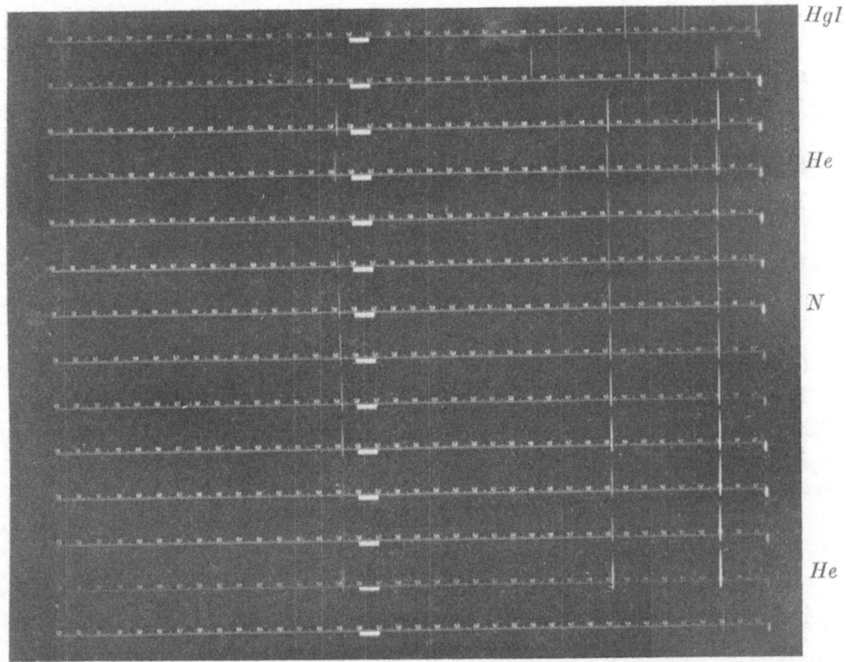

Abb. 6 zu S. 84. He-Spektrum, bei verschiedener Einstellung des Spektrographen aufgenommen. HgH = HgH-Geißlerröhre, He = He-Kathodenlicht, N = Normalstellung von Kollimatorlinse, Objektivlinse, Kameradrehung des Spektrographen für das sichtbare Gebiet.

werden, es muß auf die entsprechenden Druckschriften von Zeiss und die Originalarbeit selbst verwiesen werden. Hier nur folgendes:

Die Einstellung des Spektroskops ergab $f = \mp\, 0{,}5076$, $F = \pm\, 0{,}1939$ für die Mitte der beiden D-Linien $5893{,}21 \mp 0{,}1293$ AE (Angströmeinheiten). Für spektrographische Untersuchungen ergab sich, daß für Messungen genau auf 3 AE und kleiner, zwischen den Spektrallinien eines bekannten linienreichen Spektrums eliminiert werden muß, auch wenn einige Linien mit der Wellenlinienskala übereinstimmen (s. Abb. 6).

In diesen Differenzen sind alle Fehler enthalten, die entstehen durch Ortsveränderung der Platte zwischen Spektrum- und Skalenaufnahme

(Erschütterung, Kasettenverschiebung), nicht ganz den Verhältnissen entsprechende Wellenlängeneinteilung der Meßskala, Temperaturveränderungen, mangelnde Anpassung der Emulsion an die Bildwölbung usw. Auch eine verschiedene Stellung der punktförmigen Lichtquelle zum Spalt kann eine Verschiebung des Spektrums auf der Platte verursachen. Es liegt hier scheinbar eine Abweichung vom Huygenschen Prinzip vor, wonach der Spalt zum neuen Erregungszentrum wird. Aber man darf nicht vergessen, daß der Spalt *endliche* Weite hat. *Baly* schreibt denn auch in seiner Spektroskopie 1908, S. 107: „Man wird aber finden, daß die beiden Spektra auf der Platte ein wenig gegeneinander verschoben sind, außer wenn die Strahlen der zwei Lichtquellen unter demselben Winkel auf den Spalt fallen. Das rührt daher, daß in beiden Fällen verschiedene Teile der Kollimatorlinse benutzt werden. Bei genauen Arbeiten ist es natürlich wichtig, diese Fehlerquelle zu vermeiden und beide Lichtquellen in identische Stellungen zu bringen. Man erreicht das durch die Einschaltung einer Linse, welche ein Bild der Lichtquelle auf den Spalt wirft"[1]. Bei den späteren Untersuchungen (Restspektren von Haaren bei durchgehendem Licht) wird S. 113ff. ein ähnlicher Fall zu besprechen sein. Abb. 6 (Perchromo-P-Platte, 23°, Hg-H je 60 Minuten, H je 25 Minuten, He je 15 Minuten Belichtungszeit) zeigt verschiedene Linienspektren bei verschiedener Stellung von Kollimatorlinse, Objektivlinse und Kameradrehung.

B. Die Haarfarben.

Einleitung.

Die Haarfarben unserer Haussäugetiere schwanken bei Betrachten im gewöhnlichen diffusen Tageslicht von Weiß über flachsfarbene, gelbliche, braune, rotbraune, braunrote, kastanienfarbige, sepiabraune schwarzbraune oder über silbergraue, graue bis schwarze Töne. Die Art des Auftretens und die Verteilung dieser Farbtöne am Tier, wie sie uns bei gewöhnlicher Betrachtung erscheinen, ist sehr verschieden. Ein fuchsfarbenes Pferd zeigt in Mähne und Schwanz weißgelbe, gelbliche, hellgelbrote, braune, vereinzelt auch dunkelbraune bis braunschwarze Haare, während das Deckhaar rein fuchsfarben ist. Innerhalb des für sich abgeschlossenen Chevsurenrindes (Kaukasus), kommen nach mündlichem Bericht von *Amschler* alle Farbenüberzüge uns bekannter Rinderhaarfarben einfarbig und gescheckt vor, so daß hier die Farbtöne und Farbzeichnungen all unserer großen europäischen Landeszuchten innerhalb ein und derselben Herde vereinigt zu beobachten sind. Man halte sich weiter das farbenfreudige Bild bunter Meerkatzen vor Augen, wie

---

[1] „Aus diesem Grunde ist auch die Benutzung eines rechtwinkeligen Prismas vor dem Spalt für gleichzeitige Vergleichung zweier Spektra niemals genau ..."

sie in jedem Tiergarten der Anziehungspunkt aller sind und daneben den prächtigen, aber farbeneintönigen weiß-schwarzen Mbega, der zur gleichen zoologischen Familie gehört, oder das für Makaken typische Bild: schwarze bis graue Eltern mit roten Jungen. Weiter bekommt man z. B. bei uns neben den allbekannten fuchsroten Eichhörnchen ab und zu auch einmal ein schwarzes zu sehen.

Diese Mannigfaltigkeit der Farbenerscheinungen und der Farbenverteilung haben den Menschen viel beschäftigt und mancher Zuchtverband ist soweit gegangen, eine ganz bestimmte Farbverteilung als Voraussetzung für Zuchtfähigkeit festzusetzen. (Periode der Farbenzucht.) Grund dieser Forderung war und ist nicht nur das Bestreben nach einheitlicher „Fabrikmarke", sondern der Glaube, daß eine gewünschte physiologische Eigenschaft mit der Farbe zumindest lose verbunden sei. Andererseits ist es dem Zoologen wohl bekannt, wie rasch manche Haarfarben innerhalb weniger Stunden nach dem Tode sich verändern, spricht man von einem Einfluß innerer und äußerer Natur. Alter, Geschlecht, Inzucht, Ernährung, Wärme, Licht, mechanische, chemische Reize und vieles andere werden zu diesen letzteren gezählt. Und wieder andererseits verstehen es geschäftskundige Vogelzüchter bei ihren Vögeln durch Gaben von Anilinfarben, Safran zur Zeit der Mauser „künstliche Federfarben" hervorzuzaubern. Mannigfaltig wie diese Erscheinung der Haarfarben ist aber auch die Literatur, der Wald von Theorien zu diesem Punkt. Hinter vielen von diesen muß ein Fragezeichen gesetzt werden, wenige sind heute brauchbar, nur einzelne bewiesen und es sollen vor näherer Betrachtung, um nicht zu sagen vor Begehen des Glatteises, die Körperfarben als solche und ihre Beziehung zur Haarfarbe behandelt werden.

I. Körperfarbe und Haarfarbe.

Der Begriff „*Farbe*" wird verschieden angewendet. Man bezeichnet damit sowohl *ein Gemisch von Bindemitteln und Malfarbstoff* als die *Sinneswahrnehmung* einer bestimmten Strahlung empfunden durch das Auge und verwechselt dabei, wie so oft im Leben Ursache und Wirkung, endlich gebraucht man das Wort Farbe auch für *Farbstoffe*. Die verschiedenen Strahlenarten und ihre Empfindung als Farbe wurde im Abschnitt „Licht" behandelt. Die Pigmente oder Farbstoffe sind wägbare Substanzen mit der Fähigkeit, ganz bestimmte Strahlenarten unverändert durchgehen zu lassen, während andere begrenzte Schwingungsgebiete ihrer Strahlenenergie beraubt, verschluckt werden. Auffallendes, weißes Licht wird vom Farbstoff verändert zur sog. Farbstofffarbe oder *Körperfarbe*. Die meisten Farben in der Tierwelt sind Körperfarben.

Wird nun bei der Rückwerfung oder Durchlassung (Ursache ist die gleiche: Schluckung) von weißem Tageslicht, das ja ein Gemisch aller sichtbaren Strahlenarten (mit verschwindenden Ausnahmen, Fraunhoferlinien) ist, die eine Strahlenart vor der anderen bevorzugt, so erscheint uns der Körper bunt. Ist die Schluckung einseitig auf die veil wirkenden Lichtstrahlen beschränkt, so erscheint bei weißem Tageslicht ein solcher Körper als blaßgelb — wie die verhornten Körperzellen, das Protoplasma, die Keratinsubstanz. Ist die Schluckung derartig einseitig, daß nur die langwelligen Strahlen größer als 6000 AE durchgelassen werden, dann haben wir selbstverständlich die Empfindung Rot. Ist die Schluckung dagegen so stark, daß kein Licht mehr durchgelassen oder zurückgeworfen wird oder doch nur so wenig, daß dieser Rest von Licht unser Agens, das Auge, nicht mehr erregen kann, dann haben wir die Empfindung Schwarz. Schwarz ist der Mangel, das Fehlen einer Lichtempfindung (nach *Hering* Assimilation infolge verhältnismäßig schwacher Lichteinwirkung). Wie schon früher ausgeführt, wird immer derselbe Bruchteil des durchgehenden Lichtes umgewandelt, und es sind damit 2 extreme Fälle möglich: 1. Das auf einen Körper auffallende Licht ist von großer Intensität, aber auch die Schluckung dieses Körpers ist so groß, daß der übrigbleibende Bruchteil durchgelassenen Lichtes unser Sinnesorgan nicht mehr reizen kann: Wir nennen die Erscheinung schwarz. — 2. Die Durchlaßzahl eines Körpers ist groß, aber das auffallende Licht ist von so geringer Intensität, daß das durchgehende Licht, obwohl ein sehr großer Bruchteil des auffallenden, unser Auge nicht mehr zu erregen vermag, der Körper erscheint ebenfalls schwarz. Dabei ist es bei der Erscheinung „Schwarz" gleichgültig, ob alle Strahlenarten gleichmäßig von so schwacher Intensität sind, daß sie nicht das Auge zu erregen vermögen, oder ob ein Schwingungsbereich zwar stärkere Intensität als die übrigen Strahlenarten aufweist, aber auch er nicht in unserem Sinnesorgan als Strahlung eines bestimmten Wellenlängenbereichs wahrgenommen werden kann (gleichmäßige Schluckung — einseitig bevorzugte Schluckung). Allseitige, gleichförmige Schluckung ist selten, und da unser Auge bei geringer Intensität für langwellige Strahlen größer als 6100 AE weniger empfindlich ist — nach Untersuchung von *König* (entnommen *Müller-Pouillets*, Lehrbuch der Physik) verschiebt sich das Maximum des Empfindens mit abnehmender Lichtstärke nach dem kurzwelligen Ende des Spektrums (Abb. 7) —, so ist es nicht überraschend, wenn sich die meisten unserer im gewöhnlichen Tageslicht „schwarzen Farbstoffe"

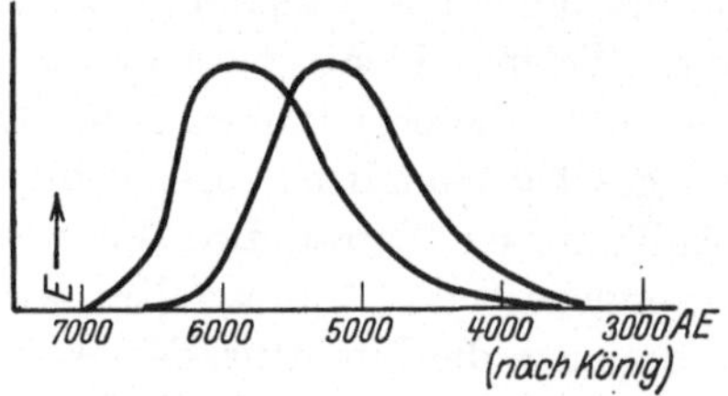

Abb. 7. Kurven der Lichtempfindlichkeit im menschlichen Auge bei verschiedener Helligkeit; links bei großer, rechts bei geringer Helligkeit. E = Stärke der Lichtempfindung.

bei großer Lichtintensität bzw. starker Verdünnung (der optische Effekt bleibt dabei ja der gleiche) als rot erweisen: Der „schwarze" Kienruß, die verdünnte „schwarze" Tusche (chinesische Tusche besteht aus feinstem Rußschwarz aus Samen der Dryandra cordata + Bindemittel nach Handwb. der Naturwissenschaften, Bd. 3, „Farbe") — und auch das „pechschwarze" Haar eines Tieres. *Auch das stärkste „schwarze" Schwanzhaar eines Rappen erscheint bei durchfallendem Licht im grellen Lichtkegel der Bogenlampe dunkelrot und das „schwarze" Haar der Weißschwanzaffen (Guerzas), Colobus caudatus Kilimandscharo), das bei den Zoologen als das schwärzeste Schwarz einer Haarfarbe gilt, ruft, da es feiner als das Pferdehaar, schon im durchscheinenden Sonnenlicht die Empfindung Rot hervor.*

Während buntes Licht bei bestimmter Versuchsanordnung im Spektralapparat rein, d. h. nur in Strahlen fast gleicher Wellenlängen, weiter nicht mehr zerlegbar, erhalten werden kann, ist das auf unser Auge gleichwirkende Licht einer bestimmten Körperfarbe (Farbstoffarbe) stets ein größeres durch Fächerung, Beugung noch aufteilbares Schwingungsgebiet, indem die gleichfarbigen Strahlungen vorherrschen. Die das Maximum begleitenden Strahlen rufen nun je nach Umfang verschiedene Wirkungen hervor, wie sie eben durch die *Mischung mehrerer Farben* zustande kommen. Der einleitend erwähnte gleichzeitige Gebrauch des Wortes „Farbe" für verschiedene Begriffe wirkt hier bei Klarlegung der Mischfarben besonders verwirrend und kann die größten Irrtümer hervorrufen. Es muß daher hier wohl auseinander gehalten werden, ob Strahlenarten (Spektralfarben) oder Farbstoffe gemischt werden.

Um im Auge den Eindruck Weiß zu empfinden, ist keineswegs das Vorhandensein aller (Licht-) Strahlenarten notwendig, schon *Newton* konnte zeigen, daß durch Mischen der Spektralfarben Rot, Grün oder Violett „Weiß" entsteht, aber erst *Helmholtz* hat die Fragen der bei Mischung der einzelnen Spektralfarben zu erhaltenden Farbenempfindungen näher untersucht und gefunden, daß schon durch Vereinigung zweier Spektralfarben die Erscheinung Weiß hervorgerufen werden kann. Diese Farbenpaare heißen *Komplementärfarben*, und sind solche

Elementar in Wellenlängen	von begrenzten Schwingungsgebieten
6562 AE und 4921 AE	Rot und Grünblau
6077 AE und 4897 AE	Kreß und Blau
5853 AE und 4854 AE	—
5739 AE und 4821 AE	Gelb und Blau
5671 AE und 4645 AE	—
5644 AE und 4618 AE	Grüngelb und Veil
5636 AE und 4330 AE und kleiner	

Gelbe und blaue Spektralfarben rufen also die Empfindung Weiß hervor, während gelbe und blaue Körperfarben als „Grün" wirken. Die klassische Erklärung von *Helmholtz* hierfür — Addition, Subtraktion — ist ja allbekannt. *Helmholtz* fand dann weiter, daß durch Mischung von bestimmten Spektralfarben auch Farbenempfindungen erhalten werden können, die im Spektrum selbst nicht enthalten sind: Rot und Veil gibt Purpur, Blau und Rot oder Gelb und Violett Rosenrot. *Helmholtz* faßt das Ergebnis seiner Forschung mit Mischung von Spektralfarben ungefähr in den folgenden Gedanken zusammen:

Die Qualität eines jeden Farbeneindruckes hängt von der Lichtstärke, dem Farbton und dessen Reinheit ab; der Farbeneindruck, den eine gewisse Menge eines beliebig gemischten Lichtes macht, kann stets auch hervorgebracht werden durch Mischung einer gewissen Menge weißen Lichts und einer gewissen Menge reiner Farbe (Spektralfarbe, Purpur), von bestimmtem Farbton (Schwarz ist also nicht in den Bereich der Mischung gezogen, Helligkeit als Faktor genannt, d. Verf.). Bei Farbenempfindungen im gewöhnlichen, alltäglichen Leben handelt es sich fast immer um eine Mischung von größeren und kleineren Schwingungsbereichen, und man erkennt solche am leichtesten durch die spektralanalytische Untersuchung des durchgelassenen Lichtes, z. B. grauer, rotbrauner Körper usw. Bei unveränderten Helligkeitsverhältnissen, aber allgemeiner Schwächung der Lichtstärke haben wir die Empfindung Grau. Zumeist ist aber das Helligkeitsverhältnis der sich mischenden Strahlungen ein ganz anderes als im Spektrum des unveränderten Tageslichtes. (Die Durchlaßzahl kann für jede Strahlenart anders sein, d. Verf.) Der Farbton mit größerer Helligkeit tritt in seiner Empfindung hervor. Wird auffallendes Tageslicht geschwächt, ein Farbton aber weniger, z. B. Rot, so sehen wir Rotbraun, bei Gelb Braun. Mit anderen Worten: lichtschwaches Weiß wirkt als Grau, lichtschwaches Rot als Rotbraun, lichtschwaches Gelb als Braun.

Der Physiologe *Hering* und auf ihn aufbauend *Wilhelm Ostwald* sind diesen Fragen weiter nachgegangen und haben besonders für die letzteren Erscheinungen andere Erklärungen gefunden und zu begründen versucht. Nach *Ostwald* sind zu unterscheiden *unbezogene* Farben : Farben, wie sie bei der Spektralanalyse aus unverändertem Tageslicht entstehen und durch Mischung untereinander erhalten werden können; *bezogene* Farben, wie wir sie mit Rücksicht auf die Natur der Beleuchtung auffassen; sie sind durch das Rückwerfungsverhältnis (= die *Körperfarbe*) des zu untersuchenden Körpers bestimmt: Weiß, Schwarz, Unbunt, Weißbunt, Schwarzbunt, Trüb und Reinbunt.

Die *Auffassung Wilhelm Ostwalds* von den Körperfarben läßt sich vielleicht in die folgenden Worte kleiden (nach *Wilhelm Ostwald*, Physikalische Farbenlehre 1920): So mannigfaltig auch die Rückwerfungserscheinungen, Spiegelung, Brechung, Fächerung, Schluckung sind, stets wird von jeder auffallenden Lichtart durch einen gegebenen Körper ein und derselbe Bruchteil zurückgesandt, der von der Natur und Ober-

fläche des Körpers bedingt ist, von der *Lichtstärke aber unabhängig ist.*
Daher ist die große Mannigfaltigkeit der Rückwerfung in den Zahlen-
werten dieser verschiedenen Bruchteile bedingt, und diese Unveränder-
lichkeit bildet die Grundlage, auf welcher das Erkennen der Körper
beruht, welche unsere Außenwelt bilden. Das unveränderliche Verhältnis
zwischen auffallendem und rückgeworfenem Licht, welches also für einen
Körper kennzeichnend ist, nennen wir seine *Körperfarbe* (meist zu kurz
„Farbe"). Die Körperfarbe ist somit nichts anderes als ein Koeffizient,
nur eine Gruppe unbenannter Zahlen, welche den Bruchteil des Lichts
angeben, der von dem betreffenden Körper zurückgeworfen wird. Ob
diese Lichtmenge groß oder klein ist, kommt, abgesehen von den Grenzen, da das Sehorgan zu versagen beginnt, nicht in Frage. Fast alle
Beobachtungen von Körperfarben durch das menschliche Auge voll-
ziehen sich unter Bezugnahme auf die Natur der Lichtquelle. So ist
z. B. die Rückwerfung von den *schwarzen Buchstaben einer Druckschrift
nur etwa 15mal kleiner als die von dem den Untergrund bildenden weißen
Papier,* während das diffuse Tageslicht praktisch in seiner Lichtstärke
im Verhältnis von 1 : 50 schwankt. *Hering* hat in diesem Zusammenhang festgestellt, daß das Schwarz der Lettern bei Mittagsbeleuchtung
etwa 3mal (50 : 15 ⏋ 3) heller ist als weißes Papier in der Dämmerung.
Daher nennt *Ostwald* die Körperfarben der gewöhnlichen alltäglichen
Anschauung bezogene Farben im Gegensatz zu den Farben, wie sie in
den meisten optischen Apparaten beobachtet werden: den unbezogenen
Farben. Weiß ist eine Fläche, welche alles unter gleichförmiger Zer-
streuung (diffus) zurückwirft (im Idealfall, der praktisch nicht erreicht
wird, 100%). Grau wirft nur einen Teil des auffallenden Lichtes gleichmäßig zurück. Schwarz ist eine Farbe, gekennzeichnet durch die Klein-
heit der Rückwerfung. „Schwarz ist also", schreibt *Ostwald* S. 51 ebenda,
„nicht die Folge vollständigen Lichtmangels — ein von der Sonne be-
schienener schwarzer Rock sendet viel mehr erhebliche Lichtmengen aus,
sieht aber trotzdem ebenso schwarz aus wie im Schatten —, sondern das
Ergebnis einer sehr geringen, unbunten Lichtrückwerfung, also eines
verhältnismäßigen Lichtmangels im Vergleich zu anderen Körperfarben
bei gleicher Beleuchtung." Bunte Flächen bevorzugen bei der Rückwerfung die eine Lichtart vor der anderen. Hellklare Farben variieren
zwischen reinem Farbton bis reines Weiß, dunkelklare bis reines Schwarz;
trübe Farben enthalten alle drei natürlichen Einheiten: Farbton, Weiß,
Schwarz in wechselndem Maße.

Die Schwierigkeit in der Auffassung und die verschiedenen Mei-
nungen über Ursache der Erscheinung der Körperfarben sind in den fast
noch *ungeklärten physiologischen und psychologischen Vorgängen des
Farbempfindens unseres Sehorgans* zu suchen. Die Netzhaut enthält
viele Millionen von feinen zylindrischen Stäbchen und etwas stärkeren

flaschenförmigen Zapfen von verschiedener Größe. Den Stäbchen schreibt man die Empfindung schwacher Lichterscheinungen zu, sie sind um vieles empfindlicher als die Zapfen, denen man die Fähigkeit der „groben" Analysierung von Strahlenarten zuschreibt, sie rufen bei bestimmten Schwingungen, Strahlenarten, in unserem Bewußtsein die Erscheinung der Farben hervor. Für Grün ist unser Auge am empfindlichsten und man nimmt an, daß das Maximum der Empfindlichkeit der Zapfen etwa bei 5600 AE, der Stäbchen bei 5300 AE liegt, während Veil vielleicht 60 mal schwächer, dunkles Rot mehr als 30000 mal schwächer wirkt (s. „schwarze" Farbstoffe, „schwarze" Haare). Noch fast völlig ungeklärt ist die Art des Empfindens, die es einem normalen Auge gestattet, im Spektrum rund 200 Farbentöne einschließlich der Helligkeitsunterschiede zu unterscheiden. *Hering* (Müller-Pouillet, Lehrbuch der Physik) führt diese Mannigfaltigkeit auf 6 Komponenten, Weiß, Schwarz, Urrot, Urgelb, Urgrün, Urblau, welche sich in wechselndem Verhältnis untereinander verbinden können, zurück. Nach ihm gibt es keine Gesichtsempfindung, welche zugleich eine rote und grüne oder zugleich eine gelbe und blaue Komponente enthält. Auch in der Sehsubstanz spielen sich die Lebensvorgänge der *Assimilation und Dissimilation* ab. Der Assimilation entspricht die Empfindung Schwarz, Urblau, Urgrün, der Dissimilation die Empfindung Weiß, Urgelb, Urrot. Schwarz — Assimilation wird von selbst erzeugt. — Hier auf die Theorie der optischen Valenzen und ihrer schwächeren weißwirkenden Komponente (Sondervalenz) jeden homogenen Lichtes, insbesondere in den Wechselbeziehungen näher einzugehen, dürfte zu weit führen. Die Drei-Fasertheorie von *Young-Helmholtz* ist aufgegeben. Zur Gegenfarbentheorie *Herings* sind in neuerer Zeit noch andere getreten (Oszillations- *Fröhlich,* Zonen- *v. Kries,* Entwicklungstheorie *Schenk*).

Mit den durch Farbstoffe bedingten Körperfarben sind nicht zu verwechseln die (oft besonders bunten) Erscheinungen der sog. *Strukturfarben,* wie sie z. B. durch Interferenz erzeugt werden können. Die Schillerfarben der Vogelfedern, bei Insekten usw., sind hier vielleicht anzuführen. Beugungserscheinungen kommen dabei wahrscheinlich ebensowenig in Betracht wie die Erscheinung der „Farben trüber Medien". Dagegen möglicherweise ein Zusammenwirken von Interferenz und der durch außerordentliche Fächerung verursachten Spiegelung stark absorbierender Farbstoffe (mit schmaler Schluckungsbande, Oberflächenfarbe). Vollkommene Spiegelung tritt bei Strahlung aus optisch dichten Medien in optisch dünne bei Überschreiten des Grenzwinkels ein (luftgefülltes Reagensglas sieht unter Wasser bei bestimmtem Winkel wie mit Quecksilber gefüllt aus — Metallglanz). *Mehrfache Spiegelung an vielen Plättchen* kann sich zu einer Wirkung nahe der vollkommenen Spiegelung summieren. Das Weiß des Schnees, von Kreide, Bleiweiß,

Zinkweiß beruht nur auf diesen Vorgängen. *Durchsichtige Körper* zeigen Spiegelung nur an der Oberfläche; ist letztere unregelmäßig, so erscheinen sie *aufgehellt oder grau*. *Durchscheinende Körper* werfen infolge ihrer optischen Verschiedenheiten im Innern einen Teil des Lichtes zurück. Diese Rückwerfung wächst mit der Zahl der optischen Unterbrechungen und je nachdem damit eine gleichförmige oder einseitige Schluckung verbunden ist, haben wir die Erscheinung Weiß, Grau oder Bunt. Es ist denkbar, daß sich in den Haaren ähnliche Verschiedenheiten vorfinden, die den Glanz, das Grau und das Weiß hervorrufen. Unregelmäßige Oberfläche ist an und für sich in den vielen Schüppchen der Rindenschicht gegeben. Insbesondere wäre in den Kreis der Betrachtungen dann die Erwägung zu ziehen, daß beim Altern der Haare sich der Zellverband lockert, Luft in vermehrtem Maße die Zwischenräume ausfüllt, das Haar als Ganzes so mehr Licht als zuvor zurückwirft, und da Farbstoffe nicht mehr wirksam vorhanden sind, *weiß* erscheint. Solange dieser Prozeß noch nicht ganz vollzogen ist, findet im Innern gleichmäßige Schluckung eines Teiles des aufgefallenen Lichtes statt, das zurückgeworfene Licht wirkt *grau*. Zudem wird vielfach von Beobachtern angegeben, daß die Alterungserscheinung des Haares auch mit einem Schwinden der Marksubstanz, die an und für sich schon ein lockeres, schwammiges Zellkonglomerat darstellt, verbunden ist (das Haar ein Horn im Kleinen). Damit kann aber bei bestimmtem Winkel (Grenzwinkel) die Möglichkeit einer vollkommenen Spiegelung — die Farbenempfindung Weiß, Silbergrau — verbunden sein, analog dem obigen Beispiel vom luftgefüllten Reagensglas unter Wasser. Um allerdings diese Gedanken experimentell vollständig zu beweisen, bedarf es einer eigenen Arbeit, vorläufig sind es nur auf Überlegung aufbauende Schlüsse.

Die verschiedenen Erscheinungen der Haarfarbe bei verschiedener Beleuchtung wurde bei der Aufnahme zur spektralanalytischen Erfassung des rückgeworfenen Lichtes mit verbunden. Die gemachten Beobachtungen sind in Tab. 1 nach den Farberscheinungen bei auffallendem diffusen Tageslicht in Rubrik 1 geordnet. Das Licht der Weulelampe fiel nach Durchgang des Wärmefilters, durch Kollektor 1c gesammelt unter etwa 45° auf bzw. durch die parallel geordneten Haare. Des weiteren wurden, um Absorptionsspektren zu gewinnen, verschiedene Haare gepreßt. Die gepreßten Haare bringen manche Vorteile für die rein okulare Betrachtung mit sich, Luftgehalt und Oberflächenbeschaffenheit sind verändert. Aller Voraussicht nach ist der Luftgehalt verringert, die mehr oder minder rauhe Oberfläche geglättet, so daß auch sonst nicht sehr glänzende Haare jetzt eine gewisse Spiegelung zeigen, bei entsprechender Lage zur Lichtquelle das rückgeworfene Licht ohne Glanzlicht betrachtet werden kann. Die hier angestellten Beobachtungen enthält Tab. 2. Vorher wurden alle Haare durch Äther von an-

Tabelle 1. *Die Erscheinung der Haarfarbe*

Lfd.-Nr.	Haarfarbe im diffusen Tageslicht	Haarfarbe im diffusen Weulelampenlicht		
		Lichtkreis	Lichtkreisrand	übrige Vorderfläche
1	weiß	blendend weiß	blendend weiß	weiß mit gelblichem Stich
2	gelbweiß	„	flachsfarben bis strohgelb	flachsfarben
3	helledergelb	weißgelblich	strohgelb	flachsgelb
4	gelb	weißgelb	citronengelb	honiggelb
5	rot	hellgelb	hellgelb	gelbrot
6	„	„	„	hellgelbrot
7	fuchsrot	gelb	gelbrot	gelbrot
8	hellbraun	strohgelb	gelb	ledergelb
9	kaffeebraun	helledergelb	hellgelb bis ledergelb	lederbraun
10	dunkelrot	ledergelb	lederbraun	rotbraun
11	schwarz	Lichtkreis blendend weiß	—	—
12	grau mit gelblichem Stich	silbergrau	—	—
13	grau	silberglänzend	silberglänzend	silbergrau
14	„	weißgelbes Silbergrau	weißgelbes Silbergrau	„

haftendem Schmutz befreit und sowohl auf weißem wie schwarzem Untergrund betrachtet. Eine noch eindeutig genauere Farbenbezeichnung nach der *Ostwald*schen Farbentafel z. B. erwies sich als nicht notwendig.

II. Das tierische Pigment und die Haarfarbe.

Nach den Forschungen *Willstätters* kann heute die Farbenpracht der Blüten und Früchte auf nur etwa 3 Grundfarbstoffe (Cyanin, Delphinin und Pelargonin) zurückgeführt werden, und es ist festgestellt, um ein weiteres Beispiel anzuführen, daß derselbe Anthocyanfarbstoff als Alkalisalz das Blau der Kornblume, als Säuresalz das Rot der Rose hervorruft. Welch ein Stand der Erkenntnis im Gegensatz zur Erforschung der tierischen Pigmente! Hier löst eine Theorie die andere ab, Gegentheorien füllen Bände, und wir wissen über die Natur der Pigmente, ihre Entstehung, Bedeutung usw. mit wenigen Ausnahmen nichts Bestimmtes. Erst die Arbeiten von *Hans Fischer* in allerletzter Zeit greifen allerdings hier mächtig ein.

je nach Belichtungsverhältnissen (z. S. 91 und S. 105).

| Licht der Weulelampe | | | Tier | Platten-Nr |
| durchgehend | | reflektiert | | |
dicke Schicht	dünne Schicht			
gelblichweiß	gelblichweiß	blendend weiß	Niederungsrind	110
gelbrot, kreßfarben	flachsweißgelb	„	Pferdemähne, Mensch	109
dottergelb, rotgolden	flachsgelb	blendend weiß-gelblich	Fleckvieh	106
kräftiges Strohgelb	weißgelb	blendend weiß	Nasalis larvatus	112
ockergelb	„	blendend weiß glänzend	„	112
„	„	blendend weiß glänzend	Mensch	103
gelbbraun	gelbrot	gelbweiß	Eichkätzchen	104
—	—	—	Fohlenohr	106
—	—	hellglänzend weiß	Lammfell	118
rotbraun	lederbraun	„	Wilstermarsch-rind	108
braun	dunkelrot	blendend	Colobus gall.	111
gelblichweiß	weißlich	„	Eisbär	107
mattsilbergrau silbergrau mit gelblichem Stich	weißgrau helles Silbergrau	„ blendend glänzend silbergrau	zahmer Jack Pygathrix cristata	107 111

Was versteht man unter *tierischem Pigment*? Ohne Vorbehalt gesprochen ist unbedingt jede Substanz des Tierkörpers, die von den auffallenden Strahlenarten bestimmte Gruppen in andere Energieformen umwandelt, verschluckt, wodurch das durchgehende oder zurückgeworfene Licht bei gewöhnlichem Tageslicht farbig erscheint, ein Farbstoff, ein Pigment. Diese *rein physikalische Definition* findet man in der riesigen Literatur der tierischen Pigmente fast allgemein dahin *eingeengt*, soweit überhaupt eine Erklärung erfolgt, daß unter Pigment ein in körniger oder krystallinischer Form abgeschiedener Farbstoff des Körpers zu verstehen ist, und manche gehen noch weiter und wollen damit nur in Form von Körnchen abgelagerten Farbstoff der Epidermoidalgebilde bezeichnet wissen. *Brüel* benennt im Handwb. der Naturwissenschaften 10, S. 819 gefärbte *Granula* als Pigment. (Granula sind zum Teil feste, lebendige Plasmabestandteile, teils Zellsekrete, häufig aber *bei der Fixierung entstandene Kunstprodukte*, die sich unter dem Mikroskop als feste Körnchen in den Knotenpunkten des feinen

Tabelle 2. *Farberscheinungen gepreßter Haare* (z. S. 91).

Platten Nr.	Folge der Preßfarbe	Rückgeworfenes diffuses Tageslicht		Gepreßtes Haar Kohlenbogenlicht		Tier und Körperstelle	Farben des Tieres		
		gepreßtes Haar	ungepreßtes Haar	rückgeworfen	durchgehend		Mähne (Grannenhaar)	Schwanz	Deckhaar
123	1	weiß	(gelbl.) Weiß	gelbl. Weiß	weiß	Schimmel-stute Schwanz	$^2/_3$ weiß $^1/_3$ schwarz	$^4/_5$ schwarz $^1/_5$ weiß einige gelblich	$^1/_2$ schwarz $^1/_2$ weiß
70	2	weiß	undurchsichtig weiß	undurchsichtig weiß	weiß	Schimmel Schwanz	schwarz einige weißl.	—	schwarz einige weiß
119	3	durchsichtig weißgrau	grau	grau	gelblich weiß	Eisbär	gelbliches Grau		—
	4	„	flachsfarben	gelblich	flachsfarben	Pferd Mähne	$^2/_3$ weißgelb $^1/_3$ gelbrötlich		hellbraun
117	5	gelbweißlich	hellgelb	weißgelb	flachsgelb	Sus b. Kopf	—	—	—
	6	„	helles Leder-gelb	hellgelb	dottergelb b. dunkelbr. in dicker Schicht	Simmentaler Widerrist	ockerleder-gelb	weiß	weiß
90	7	hellledergelb	hellgelbrot	gelblich	dottergelb	Pferd Schwanz	rotbraungelb	ebenso	fuchsrot-farben
88	8	weißl. Leder-gelb	gelbrot	hellgelbrot	ledergelb	Frankenrind Widerrist	erbsenfarbig	erbsenfarbig	erbsenfarb.
96	9	ledergelb	„	„	„	„	„	„	„
	10	„	hellgelbrot	ledergelb	weißl. Leder-gelb	Pferd Mähne	weißgelb-braun einzelne dunkelbraun-schwarz	hellgelbrot-weißgelb	fuchsrot-farben
72	11	weißl. Leder-braun	hellbraun	„	helles Gelb	„	weißgelb-braun	hellgelbrot-weißgelb	„
	12	gelbbraun	dunkelrot-braun	gelbrot	gelbbraun	Rind	—	—	—

73. 74, 75	13	lederbraun etwas weißl.	braun	gelbrot	gelbrot	Pferd Mähne	braun, schwarz, gelbbraun und einige weißlich		fuchs-farben
92, 95	14	lederbraun	kastanien-braun	gelbbräun-lich	bräunlich	Pinzgauer Rind Widerrist	kastanienbraun und weiß		
84	15	,,	schwarzrot-braun	dunkelrot-braun	braunrot	Rotbuntes Niederungs-rind Widerrist	dunkelrotbraun und weiß		
76	16	graubraun	rotbraun	ledergelb	gelbbraun	Fuchsstute Schwanz	rotbraun, rot, braun, gelb		fuchs-farben
91	17	(grau)braun	,,	,,	,,	Fuchshengst Mähne	gelbbraun braun schwarz	braun-schwarz einzelne weiß	,,
77	18	braun	dunkelrot-braun	,,	,,	Fuchsstute	weißgelb, hellgelbrot, gelb-rot, braun, einzelne dunkelbraun, schwarz		,,
	19	sepiabraun	rötliches Schwarz	rötl. Schwarz	dunkelrot	Rappe, Stirn-schopfspitze	am Grund schwarz Spitze rötl.	schwarz	schwarz
78	20	dunkles Sepiabraun	braunschwarz	,,	,,	Fuchshengst Schwanz	gelbbraun, gelb, rötlich, braun, einzelne schwarz		fuchs-farben
85	21	,,	,,	,,	,,	Brauner Wal-lach, Schwanz	schwarz dunkelrote Spitzen	schwarz	braun gelbliche Spitzen
81	22	,,	schwarz	dunkelrot schwarz	,,	Schimmel-stute	s. Preßfarbefolge Nr. 1		—
94	23	,,	,,	,,	,,	Weiß-schwanzaffe	—	weiß	schwarz
93	24	,,	,,	,,	,,	Schwarz-buntes Nie-derungsrind	—	—	schwarz-weiß
80	25	,,	,,	,,	,,	Rappe	schwarz	schwarz	schwarz

Netzwerkes der Zellstruktur zeigen. Nach *Steche*, „Grundriß der Zoologie".) *Maurer* schreibt ebenda Bd. 4, S. 1128: „Pigmentierte Bindegewebszellen sind verästelte Zellen, die bei allen Wirbeltieren in lockerem, faserigem Bindegewebe vorkommen. Sie sind dadurch charakteristisch, daß sie in ihrem Zellkörper Farbstoffe der mannigfaltigsten Art in Form feinerer Körnchen oder krystalloider Plättchen enthalten."

Hueck (Pigmentstudien, 1910) hat den Versuch gemacht, in den Wirrwarr Ordnung zu bringen, auf Grund mikrochemischer Untersuchungen die körnigen oder krystallinischen (menschlichen) Pigmente zu systematisieren. Er unterscheidet die 2 großen Gruppen der hämatogenen und der autogenen Pigmente. Die hämatogenen Pigmente werden vom Blutfarbstoff (eisenhaltigen Hämoglobin) abgeleitet, von starken Säuren gelöst bzw. zerstört. Hauptvertreter dieser Gruppe sind Hämatoidin und Hämosiderin[1]. Dagegen entstehen nach ihm in den Zellen metabolisch die *autochthonen Pigmente: Das fetthaltige Abnutzungspigment und das Melanin*. Sie werden nur von konzentrierter Salpetersäure zerstört (wie jedes Gewebe). Die allgemeinste Verbreitung hat das fetthaltige Abnutzungspigment, das in vielen Drüsenepithelien, in Epidymzellen, glatten Muskelzellen, Bindegewebs- und Herzmuskelzellen, Knorpeln usw. vorkommt. Das echte Melanin ist das Pigment der Epidermis und der Cutis, der Retina und Choriodea. Krystallähnlich oder körnig, von bräunlicher Farbe, ist das Melanin auch in den spindelförmigen Zellen der weichen Gehirnhäute zu finden — kurz, überall wo normalerweise im Körper Elemente des äußeren Keimblattes und damit in engster Beziehung stehende dahinterliegende mesodermale Gewebe vorkommen. Soweit im Körper Einteilung und Verbreitung nach *Hueck*. Melanin ist also der Name normaler Pigmente in Haut und Haar. Ein *Zusammenhang von Blutfarbstoff und Melanin* ist bis heute *noch nicht nachgewiesen, ebensowenig in den Nebennieren echtes Melanin festgestellt*. Bei Addisonscher Krankheit wurde nur echtes Melanin gefunden, bei Bronzediabetis auch Hämosiderin. *Hueck* hat zur Unterscheidung der beiden oft nebeneinander vorkommenden autogenen Pigmente mikrochemische Unterscheidungsmerkmale festgestellt, die im folgenden angeführt seien.

Fetthaltiges Abnutzungspigment. Melanin.

Eine Eisenreaktion ist nicht zu erreichen; außer konzentrierter Salpetersäure in wässeriger und alkoholischer Säure unlöslich und unzersetzlich. Warme, kalte konzentrierte Kalilauge kann nur höchstens zerstreuen. Bleichungsmittel bleichen leicht.

gelbrot	Sudan färbt	—
intensiv blau	Nilblau färbt	—
wenig Wirkung	Fettlösungsmittel	—
—	Silberlösung	reduziert
fettähnlich	—	eiweißartig.

Zu den Bestrebungen mancher Forscher, Melanin und fetthaltiges Abnutzungspigment zu vereinen, bemerkt *Hueck*, daß was morphologisch ineinander übergeht, nicht biologisch dasselbe sein muß.

Noch schwieriger werden die Verhältnisse, wenn man nach der Natur und Entstehung der Hautpigmente fragt. *Bloch* (Zürich) hat 1917 die *Dopatheorie*

---

[1] Die Arbeiten von *Hans Fischer*, insbesondere über Konstitution des Hämins und der Porphyrine wurden mir erst nach Einreichung dieser Arbeit bekannt und verweise ich auf *H. Fischer*, Über Blutfarbstoff und Porphyrine. Techn. Hochsch. München **1927**, H. 6 u. 8.

aufgestellt. Nach dieser wird 3,4 Dioxyphenylalanin (Dopa) in den pigment-bildenden Zellen der Haut und des Auges in einen melaninartigen, unlöslichen, schwarzen Farbstoff (Dopamelanin) übergeführt, und wäre somit die Mutter-substanz des Melanins gefunden. Die in der positiven Dopareaktion sich mani-festierende Oxydation (+ Kondensation) des zusammengesetzten Dioxyphenyl-alanins wird durch ein intracelluläres, fermentartiges, thermolabiles Agens, die sog. Dopaoxydase bewirkt (*Steiner-Wourlisch*[1]). Die Lehre von der spezifischen Dopareaktion ist starken Angriffen ausgesetzt und soll von *Bloch* demnächst in der Biochem. Z. eingehend begründet werden. Im übrigen ist die Reaktion außer-ordentlich empfindlich, kommt optimal bei p_H 7,3—7,4 und nur in Gefrierschnitten zustande.

Steiner-Wourlisch (siehe oben), ein Schüler *Blochs*, hat insbesondere das „cutane und epidermale Melanoblastensystem" der Haut bei der grauen Haus-maus in Gefrier- und Paraffinschnitten bei Methylgrün- und Methylenblaufärbung bzw. Methylgrün-Pyronin-Färbung sowie in Dopapräparaten untersucht. Er findet das Pigment innerhalb der Zellgrenzen in Form körnchenartiger Stäbchen, hell-bis dunkelbraun, in größeren Anhäufungen schwarz. Die Dopareaktion verläuft zeitweise positiv, also wellenförmig und zeige damit einen den physiologischen Verhältnissen entsprechenden Gang. Bei den Haaren im besonderen fand *Steiner-Wourlisch* die Pigmentierung auf die epithelialen Bulbuszellen beschränkt, die Papille stets pigmentfrei. Die Zellen der Haarrinde bleiben diffus granulär pigmen-tiert, während das Pigment der Markzellen sich polartig zusammenziehe. Diese kappenförmige Pigmentanhäufung sei die Ursache der Querbänderung im Haar-mark.

Von neueren Arbeiten beschäftigten sich vor allem mit der Haarfarbe unserer Haussäugetiere *Tappe* in seiner Dissertation, Göttingen 1920, „Über die Ursachen der Haarfärbung beim Hausrind" und *Widmer* in seiner Arbeit „Kritische und experimentelle Studien über die Pigmentierung des Integuments". Arb. dtsch. Ges. Züchtgskde **1923**, H. 25)[2]. *Tappe* übergießt 0,1 g Haar mit 5 ccm 40proz. KOH und untersucht die entstehenden hell- bis dunkelroten „Lösungen" im Reagensglas spektroskopisch. Sein Ergebnis davon: „Eben noch durchgelassenes Licht bei Harzer Rind 6850—5890 AE, Angler 6650—6180, schwarze Ostfriesen 6650—6220, Simmentaler hellgelb 6820—5100 AE. Beim Verdünnen wird mehr vom blauen Teil des Spektrums durchgelassen, schließlich nur mehr violett ab-sorbiert, und zwar von allen Lösungen ziemlich gleichmäßig bei gleicher Verdünnung. Es scheint demnach, daß bei allen Versuchen ein gleicher Farbstoff vorliegt, jedoch in verschiedenen Mengen, es bleibt dahingestellt, ob der vorliegende dunkle Farb-stoff tatsächlich der ursprünglich im Haar vorkommende ist, oder ob er durch die Behandlung mit Lauge als Abbauprodukt entstanden ist. Daß es sich hierbei nur um den tatsächlich ursprünglich im Haar vorkommenden Farbstoff bzw. um ein Abbauprodukt dieses handeln kann, dafür spricht, daß die Lösung um so heller war, je heller die Haarfarbe war und umgekehrt, daß also die Farbe der Lösung der Haarfarbe entspricht.

Wie weiter unten ersichtlich, erhielt ich bei Behandlung mit KOH von rein *weißen Haaren auch ledergelbe bis sattgelbe Farbe* und 2. von ge-wöhnlichem Flaschenkork mit KOH gekocht *ebenfalls eine tief dunkel-rote Flüssigkeit*, die beim Verdünnen eine ähnliche Skala wie die Haar-

---

[1] Das melanotische Pigment der Haut bei der grauen Hausmaus. **1925**.

[2] Die Arbeiten von *Duerst*, insbesondere auch „Die Beurteilung des Pferdes." **1922**, standen mir leider zu dieser Arbeit nicht zur Verfügung.

auszüge durchläuft, allerdings vollständig klar im Gegensatz zu den Haarauszügen, die immer, auch nach mehrmaligem Filtrieren in hellem Licht, trüb erscheinen. (Nach *Hueck* kann KOH das Melanin nur zerstreuen, nicht lösen.) Und wenn ich den vor mir stehenden *Teeabguß* bei verschiedener Schichtdicke betrachte, bekomme ich wieder eine ähnliche Erscheinung! Es wird später auf diese Gruppe von Farbstoffen nochmals zurückzukommen sein.

Nach mikroskopischer Untersuchung von Haaren in Glycerin schreibt *Tappe* folgendes: „Verschiedene Färbung der einzelnen Pigmente im Haar konnte nicht festgestellt werden. Markpigmente wurden keine entdeckt. Der Farbenton variiert zwischen Gelb, Braun und Schwarz. Beim schwarzen Haar erscheinen die Pigmente grau, braun oder rot, nur die Anhäufung ist so stark, daß die Farbe schwarz im großen und ganzen erscheint. Schwarz ist also nur verdichtetes Rot. Die Pigmente haben durchwegs kugelige Form (? Der Verf.), sind wie eine Perlenschnur aneinander gereiht, in jeder Fibrille eine Körnchenschnur." Zusammenfassend schließt *Tappe*, „daß ein Haar gefärbt erscheint, sobald körniges Pigment in ihm auftritt. Die Färbung des Haares ist also an die Existenz des körnigen Farbstoffes gebunden. Einfluß auf die Farbe haben auch die Oberflächenbeschaffenheit der Cuticula und der Luftgehalt, jedoch nur in geringerem Maße. Einen gelösten Farbstoff gibt es nicht, sonst Lösung bei Behandlung mit Lösungsmitteln (Alkohol, Äther)."

Während also *Tappe* Markpigmente nicht entdeckte, ist nach *Duerst* und *Widmer* das Haar ein „Horn im Kleinen" statt des Knochenzapfens mit pigmentiertem Mark gefüllt[1]. *Widmer* führt des weiteren aus „histologisch wird das Oberhäutchen, die Rinde und das Mark unterschieden, alle 3 bestehen aus verhornten Zellen. Die Hohlräume sind mit Luft gefüllt; daher stammt die graue Färbung, die bei dunklen Haaren sich bemerkbar macht, wenn nur wenige Pigmentkörner da sind. Wie jedes Horn kann auch die Rindenschicht einheitlich mit flüssigem Pigment gefärbt sein. *Duerst* nennt dieselbe „Hyalin heller oder dunkler braun gefärbt", aber Schnitte zeigen, daß in dieser hyalinen Schicht namentlich beim adulten Tier auch in der Rinde körniges Pigment eingelagert wird." *Widmer* digeriert 0,5 g gewaschenes Haar mit 10 ccm 5proz. KOH auf dem Wasserbad bei 65° 1 Stunde lang. Die Resultate spricht *Widmer* als Pigmentlösungen an, untersucht sie colorimetrisch und findet dabei ebenfalls die Farbenübergänge von Tiefbraun, Rötlich nach Gelbrötlich, vergleicht sie mit Methylorange verschiedener Konzentration und versucht die Lichtabsorption mittels photographischen Papiers festzustellen.

III. Eigene Versuche mit „Haarfarblösungen".

Vorversuch: Haare von erbsenrotem Frankenrind, Rappen, weißer Katze, schwarzem Hund wie *Widmer* behandelt. Nach 4wöchentlichem Stehenlassen zeigte das Überstehende

von erbsenrotem Frankenrindhaar fast undurchsichtig rötliche Farbe im Spektroskop einseitige Absorption nach Rot,

von schwarzem Pferde- und Hundehaar durchsichtig schmutzigbraune Farbe, im Spektroskop ähnlich wie oben,

von weißem Katzenhaar citronengelbe Farbe, im Spektroskop ähnlich wie oben.

Da *Formanek* (siehe später) die in Lösung gebrachten Farbstoffe mit verschiedenen Reagentien zur Erzeugung von Absorptionsbanden im sichtbaren Gebiet versetzt, wurde dies mit obigen „Lösungen" auch versucht. Erfolg *negativ*;

---

[1] Siehe auch *Steiner-Wourlisch*.

nach *Hueck* könnte die Haarsubstanz wohl feinst verteilt, aber das Pigment nicht gelöst sein, wir hätten also vielleicht eine Art Suspension vor uns. Zusatz von Säuren gibt bei allen Ausflockung von rötlichen, bzw. bräunlichschwarzen, bzw. gelbweißlichen Niederschlag.

Hauptversuch: Haare von Rappe, kastanienbraunem Pinzgauer, erbsenrotem Frankenrind, ledergelbem Simmentaler und weißem Spitz nach *Widmer* behandelt, dann 2 Stunden zentrifugiert (2400 Umdrehungen je 1 Minute), Bodensatz und Überstehendes beurteilt usw., dann HCl dem Überstehenden konzentriert zugesetzt und nach eingetretener Wolkenbildung kaltes destilliertes Wasser zugegeben. Nach einigen Stunden wieder zentrifugiert, beurteilt (siehe Zusammenstellung weiter unten). Ausgehend von dem Gedanken, daß nach allen Erscheinungen zu beurteilen sehr wahrscheinlich der Farbstoff als solcher wenig verändert im 2. Bodensatz enthalten ist, *wurde versucht diese feinsten Haarsubstanzteilchen als Farbstoff im maltechnischen Sinn aufzufassen und einen richtiggehenden Farbaufstrich daraus herzustellen.* Erwärmen auf 200° zeigte zunächst den 2. Bodensatz noch unverändert; es wurden daher alle Rückstände bei etwa 80° eingetrocknet, im Mörser feinst zerrieben und dann mittels reinem Leinölfirnis (harzfrei mit einem Trockenstoff) auf einem Mikroskopobjektträger einmal ganz dünn und einmal ganz dick aufgetragen. Nach einigen Tagen ist der Aufstrich trocken und glänzt wie die schönste Bodenölfarbe[1]. Dieser wurde dann spektralanalytisch wie jeder andere Farbenaufstrich im rückgeworfenen wie im durchgehenden Licht untersucht. Dabei bestand die Möglichkeit je nach Verdünnen verschiedene Konzentration der Farbe zu erhalten, vom gleichen Haarrückstand also Spektren bei verschiedener Konzentration aufzunehmen. Platte 99 (Abb. 17) z. B. zeitigte denn auch sehr schöne Resultate. Die Aufnahmen der Rückwurfsspektren wiesen nichts besonderes gegen die unveränderten Haare auf (Platte 114 mit 116) und sind daher nicht in dieser Arbeit veröffentlicht.

Die einzelnen Befunde von allen diesen Untersuchungen waren:

1. Bodensatz bei	Rappe	Pinzgauer	Frankenrind	Simmentaler	Weißer Spitz
	schwärzlich	kaffeebraun etwas grau	lederbraun	gelbbräunlich	weißgelblich
1.Überstehendes Wolkenbildung durch HCl . . Filterrückstand	sepiabraun	sepiabraun	weinrot	honiggelb	trübes Gelb
	bräunlich schwarzbraun	ockerfarbig schwarzbraun Platte 113	ockerfarben —	gelblich ockergelb emailartig Platte 113	gelbweißlich hefefarben emailartig
2. Bodensatz . . 2.Überstehendes	braun	lederbraun	rötlich	gelblich	hefefarben
		bei allen ziemlich gleich gelblich			
Bodensatz getrocknet . . . Farbenaufstrich von letzterem auf Glas . . .	sepiabraun	sepiabraun	dunkelbraunrot	weißlichgelb	gelblichweiß
	dunkelbraun	punkelbraun	dunkelbraunrot	wachsgelb	—

Farbenaufstriche im durchgehenden Licht siehe auch Platte 99; okular zeigen sich je nach Lichtstärke die bekannten Übergänge von Dunkelrot, Burgunderrot über rötliches Gelb nach Weißgelb.

Gewöhnlicher Flaschenkork mit konzentrierter KOH gekocht gibt

---

[1] Die Herstellung dieser „Farben" hat Herr Dr. *Widenmayer*, Assistent an der Versuchsanstalt und Auskunftsstelle für Maltechnik, in freundlicher Weise übernommen.

dunkelrote Flüssigkeit, sehr klar, bei Verdünnung die schon oft erwähnte
Skala. Säurezusatz erzeugt keinen Niederschlag, wirkt nur verdünnend.

Aus allen diesen Erscheinungen der Laugenauszüge ist mit *Tappe*
festzustellen, daß je nach Ausgangsmaterial die Farbe zunächst dunkelrot bis gelbrot erscheint, beim Verdünnen alle Übergänge von Gelb bis
gelbliches Weiß sich zeigen. *Ein Schluß auf die Haarfarbe darf aber
meines Erachtens daraus nicht gezogen werden*, denn auch weiße Haare,
Kork mit KOH behandelt, Tee, Methylorange, Pinaflavol und ähnliche
Farben zeigen dieselbe Erscheinung. Eine Erklärung ist bei den spektralanalytischen Untersuchungen hierfür versucht.

C. Spektralanalytische Untersuchungen von Haarfarben.

I. Zur Theorie der Restspektren im allgemeinen.

1. Allgemeine Übersicht.

Es gibt keinen Körper in der Natur, der für alle Strahlungen vollständig gleichmäßig durchlässig wäre, jeder Stoff verschluckt einen oder
mehrere bestimmte Strahlenarten. Wird daher eine Strahlung, die alle
Strahlenarten enthält, in ihrer freien Wellenausbreitung behindert, so fehlen
in dieser Strahlung nach dem Durchgang durch den Stoff verschiedene
Strahlenarten, eben die, die verschluckt wurden und das daraus gebil-
dets Spektrum ist nicht mehr vollständig, sondern ein Restspektrum
(Absorptionsspektrum). Schon das von der Sonne kommende Licht
gibt ein Restspektrum und die sog. Fraunhoferschen Linien zeigen die
Stellen an, da Strahlenarten fehlen. (*Kirchhoff* hat im Anschluß daran
die Theorie aufgestellt, daß ein Körper vorzugsweise diejenigen Wellen
absorbiert, die er bei gleicher Temperatur emittiert.) Daß im gewöhnlichen Tageslicht farbig erscheinende Körper absorbieren, ist ohn weiteres nach dem in früheren Abschnitten Gesagten selbstverständlich.
Heute ist man weit in das infrarote und ultraviolette Gebiet eingedrungen
und *Coblentz*[1] stellte z. B. fest, daß auch einfachste Verbindungen, wie
Wasser, Aceton, Alkohol sehr komplizierte Spektren im Infrarot aufweisen. Jeder Körper verschluckt bestimmte Strahlungen in strenger
Gesetzmäßigkeit nach Güte und Menge. Das durch ihn mit erzeugte
Restspektrum ist eine genaue Definition seiner selbst, wie seiner Konzentration. Die außerordentlich wertvolle Arbeit *Hartleys* über Restspektren organischer Verbindungen hat hier mächtig fördernd einge-
griffen und gezeigt, wie vorgegangen werden muß, sollen die erhaltenen
Resultate, bei sachgemäßer Anordnung des Versuchs, bei ihrer Darstellung ihrem Werte entsprechend zum Ausdruck kommen. Daher
kann *Formánek*[2] einleitend schreiben: „Unter analytischen Methoden

---

[1] Handwörterbuch der Naturwissenschaften **1**.

[2] *Formánek*, Untersuchung und Nachweis organischer Farbstoffe auf spektroskopischem Wege. I. Teil. **1908**.

zur Untersuchung und zum Nachweis organischer Farbstoffe hat die spektroskopische Methode vor allen anderen den Vorzug der größten Empfindlichkeit, Genauigkeit, Bequemlichkeit und leichten Ausführung. — Man hat nur nötig den Farbstoff in Lösung zu bringen und weiter spektralanalytisch zu untersuchen." Die Empfindlichkeit der Spektralanalyse bei Ausstrahlung wie Schluckung wird nur von einigen elektrometrischen Methoden übertroffen, sie ist sprichwörtlich.

Je nach der Art der Schluckung unterscheidet man verschiedene Formen von Restspektren und gewinnt eine Einteilung, die natürlich eine gewisse Willkür aufweist. Die *Endabsorption (Endschluckung)* findet einseitig statt, nach der kurz- oder langwelligen Seite oder auf beiden Seiten des Spektrums. Häufig zeigt sich eine Endschluckung nach der kurzwelligen Seite, deren Schluckungsgrenze kaum feststellbar ist, die nur langsam, allmählich zunimmt ohne bestimmten Übergang; eine solche Form nennt man allgemeine Schluckung. Es ist hierbei der Fall möglich, daß innerhalb dieser langsam verlaufenden Endschluckung besondere Schluckungsstreifen liegen, die festzustellen nicht leicht fällt (s. Spektren der Haare). Man kann hier annehmen, daß sich zwei Schluckungen überlagern, Endschluckung und eine auswählende, selektive Schluckung. *Selektive Schluckung* ist durch Schluckungsgebiete innerhalb des Spektrums gekennzeichnet, durch sog. Schluckungsstreifen, Absorptionsbanden, Absorptionsstreifen (s. Blut Abb. 10, S. 108. Auch bei diesen Banden und Streifen ist die Schluckungsgrenze selten scharf. Ein Schluckungsverlauf kann daher einwandfrei nur durch seinen Verlauf bei verschiedenen in bestimmter Richtung wirkenden Verhältnissen (Lichtstärke, Konzentration, Schichtdicke), woraus sich eine charakteristische Schluckungsform ergibt, und durch Feststellen der Schluckungsmaxima und Minima festgelegt werden. Die *Schluckungsform* wurde früher auf Grund spektroskopischer Beobachtungen graphisch dargestellt, heute gibt die photographische Methode ein einwandfreieres Bild. Je nach Schluckungsform unterscheidet man *symmetrische* (das Maximum liegt genau in der Schwerpunktslinie derselben) und *unsymmetrische* Schluckungsstreifen. Nur das Dunkelheitsmaximum behält bei verschiedener Schichtdicke seine Lage unverändert bei; gewöhnlich auch bei verschiedener Konzentration, jedoch mit gewisser Einschränkung. Wie die Aufnahme von Porphyrinen (Abb. 11) zeigt, löst sich ein breites Schluckungsband mit abnehmender Schichtdicke in mehrere Streifen auf, die Streifen werden dann schmäler, schließlich verschwinden zunächst die schwächeren Schluckungsstreifen, dann die stärkeren usw. Näheres über Form und Lage der Schluckungsstreifen ist bei *Formánek* zu ersehen (neuerdings von *Löwe* in Abderhalden, Biologische Arbeitsmethoden, Lieferung 205 wiedergegeben), so daß sich hier ein weiteres erübrigt. *Formánek* unterscheidet bei organischen Farbstoffen 13 Normalformen, in welche nach damaliger Erkenntnis (1908) alle organischen Farbstoffe innerhalb des sichtbaren Gebietes auf Grund von Tausenden von Versuchen einzureihen waren. Im Anschluß daran muß aber bemerkt werden, daß die vielfach geäußerte Ansicht, *daß durch einen einheitlichen Stoff höchstens 3 Absorptionsstreifen erzeugt werden können*, irrig ist; die Aufnahme von Mesoporphyrinchlorhydrat auf Platte 126, Abb. 11 zeigt z. B. schon innerhalb des Wellenlängenbereichs von 6900—3700 ohne weiteres erkennbar 4 starke Schluckungsstreifen mit einem jeweiligen Absorptionsmaximum bei rund 5930, 5740, 5500 und 4050. Schon einheitliche Stoffe können ein sehr kompliziertes Schluckungsspektrum geben, noch verwickelter werden aber die Verhältnisse bei Mischung verschieden schluckender Stoffe. In diesem Falle gilt als allgemeine Regel, daß solche Restspektren sich additiv aus den Schluckungsstreifen der einzelnen Bestandteile zusammensetzen, was in vielen Fällen eine gegenseitige Überlagerung und damit neue Schluckungsformen zeitigen kann. Für Betrachtungen über Haarfarbe scheint mir der Fall, da sich eine allgemeine Endabsorption über eine selektive lagert, beachtenswert. Hierdurch wird das Maximum der Schluckungsstreifen scheinbar verschoben und kann eine an und für sich symmetrische Schluckungsform unsymmetrisch werden. Abweichungen von additiver Übereinanderlagerung der Schluckungsspektren bei Mischungen deuten auf chemische oder physikalische Vorgänge hin. Eine von *Byck, Schaefer* darauf aufgebaute Differenzenmethode dürfte oft den gewünschten Erfolg des Aufschlusses bringen. Die Sicherheit der Absorptionsanalyse liegt vor allem in der Empfindlichkeit der zu untersuchenden Proben auf Zusatz von bestimmten Stoffen in stets gleicher, für die Proben charakteristischer Weise zu reagieren. *Im übrigen ist ein Restspektrum nur dann vollständig festgelegt, wenn nicht nur die genaue Lage des Maximums des Durchlaßgebietes festgestellt ist, sondern insbesondere, und das ist das Wichtigere, die Schluckungsminima sich zeigen und diese Untersuchungen nicht nur auf das sichtbare Gebiet beschränkt bleiben.* Gerade die Spektralanalyse im kurzwelligen wie besonders auch im langwelligen Gebiet hat die schönsten Erfolge gezeitigt, nicht nur für einen Körper besonders charakteristische Restspektren ergeben, sondern vor allem der Frage der Erforschung der chemischen Konstitution aussichtsreichste Anhaltspunkte erschlossen. Seit *Hartley* wurde im Ultraviolett viel und mit großem Erfolg gearbeitet, Außerordentliches verspricht aber nach den Untersuchungen von *Coblentz* die Untersuchung der Restspektren im infraroten Gebiet. *Coblentz* gelang es für die Amido-, Methyl-Nitro- und Hydroxylgruppe typische Streifen im Infrarot festzustellen.

2. *Die Ursachen und Veränderlichkeiten der Schluckung.*

Hier schon ein abschließendes Urteil abzugeben ist unmöglich, es
sollen nur bis jetzt besonders typisch festgestellte Beobachtungen wiedergegeben werden. Rohe Unterschiede gibt einmal das Vermögen selek-
tives Restspektrum hervorzurufen im Gegensatz zu dem nicht sehr viel-
sagenden allgemeinen Endspektrum. Letzteres findet sich besonders
bei Verdünnungen der aliphatischen Reihe mit offener Kette der C-Atome
(Paraffine usw.) und bei den homo- als auch heterozyklischen Verbindungen; aber schon *Baly*[1] stellte selektive Absorptionsspektren im
Ultraviolett, *Coblentz* im Infrarot bei Aceton fest. Andererseits zeigen
viele Verbindungen der aromatischen Reihe sehr selektive Restspektren,
welche jedoch wiederum durch Reaktionen zum Verschwinden gebracht
werden können. Es wird angenommen, daß der fundamentale *Strukturaufbau des Moleküls* die Form des Restspektrums bestimmt, während
die Natur der einzelnen Elemente auf die allgemeine Form der Restspektren solange keinen Einfluß hat als dadurch der Strukturaufbau
nicht geändert wird (*Hartley*, Benzoesäure und Benzoesäuremethyl-
äther, Acethylaceton, ketonisch und enolisch). Die Lage soll durch verschiedene Chromophoren, Chromogene, auxochrome Gruppen, ihre Anzahl, ihre Zusammensetzung und durch ihre Stellung beeinflußt werden
(Chromophor-, Auxochrom-, Atomaffinitätstheorie usw.). Der Einfluß
der *Temperatur* ist sehr verschieden, eine bestimmte Gesetzmäßigkeit
des Einwirkens vom *Lösungsmittel* auf die Lage der Schluckungsstreifen
besteht nicht (wenn auch oft die sog. *Kundtsche Regel* scheinbar zutrifft,
so ist diese doch nicht als Regel zu betrachten). Reagentien haben
natürlich immer dann einen Einfluß, wenn sie selbst die Zusammensetzung des zu untersuchenden Körpers beeinflussen. Wie schon oben
angeführt, beruht ja gerade darin die Stärke der Empfindlichkeit spek-
tralanalytischer Untersuchungen. Von besonderer Wichtigkeit ist der
Einfluß der *Konzentration* auf das Restspektrum. Nachdem die Änderung der Schichtdicke und der Belichtungszeiten zumeist allein nicht
ausreicht, einen Stoff spektral zu analysieren, muß die Konzentration
entsprechend geändert werden und es gilt hier das *Beersche Gesetz:* „Die
Absorption ist dem Produkte aus Konzentration und Schichtdicke proportional" nur solange als keine Dissoziation der Ionen eintritt. Sehr
schön ist hier das Beispiel, das *Formánek* von Malachitgrün und Methy-
lenblau bei Konzentrationen mit H_2O von 1 : 40000 und 1 : 80000 gibt.

3. *Gewinnung von Absorptionsspektren.*

Die Lichtquelle muß so aufgestellt sein, daß sie mindestens die Kollimatorlinse voll ausleuchtet. Feste Körper bringt man vor den Spalt in

---

[1] *Baly*, Spektroskopie. **1908**.

möglichst dünner Schicht oder mit ihrer Kante. Undurchsichtige Körper können mit dem durchgehenden Licht nicht untersucht werden, hier muß man das rückgeworfene Licht auf den Spalt projizieren, und zwar das diffus zerstreute (nicht das Glanzlicht, welches vor allem die Strahlungen der Lichtquelle selbst fast unverändert erhält). *Diffus spiegelnde Flächen (z. B. Haare) weisen besonders viel Oberflächenlicht auf, und es ist ihr Restspektrum kaum rein zu erhalten.* Flüssigkeiten werden in Absorptionsgefäße mit veränderlicher Schichtdicke oder Cuvetten gebracht. Anorganische Stoffe geben selten im sichtbaren Gebiet ein erkennbares, charakteristisches Streifenrestspektrum. Hier hilft oft die Herstellung von Farblacken, wie *Formánek* mit Alkannafarblacken vieler Metallsalze gezeigt hat. Für die Untersuchung künstlicher Farbstoffe im sichtbaren Gebiet sind die Methoden *Formáneks* führend geworden. Das Nähere kann hier nicht gebracht werden und ist in *Formánek* und *Grandmougin:* Untersuchung und Nachweis organischer Farbstoffe auf spektroskopischem Wege, Bd. 2, 1 zu ersehen. Soll versucht werden an die *Konstitutionsbestimmung* heranzutreten, so ist unbedingtes Erfordernis, den Stoff möglichst vollkommen optisch zu analysieren. Letzteres geschieht durch Bestimmung der Durchlaßzahlen möglichst vieler Strahlenarten. Mit die beste Methode dürfte hierfür die von *K. Schaefer* und *M. Hardtmann*[1] ausgearbeitete sein, um die Stellen gleicher Schwärzung auf der Aufnahmeplatte ermitteln zu können.

II. Spektralanalytische Untersuchungen von Haarfarben.

1. Rückwurfsspektren von Haarfarben.

Um die Haarfarbe spektralanalytisch festzustellen, muß versucht werden, das Haar als solches zunächst zu untersuchen, und es liegt die Aufnahme von Rückwurfsspektren nahe. Wie im vorigen Abschnitt angeführt, ist Glanzlicht nicht zu vermeiden. Um aber den Betrag an diesem möglichst herabzudrücken, können verschiedene Wege eingeschlagen werden. Ausgehend von dem Gedanken, daß ein großer Teil des *Glanzlichtes polarisiert* sein könnte, wurde zunächst versucht, mittels Nicolscher Prismen das Glanzlicht zu beseitigen oder doch abzuschwächen. Der Erfolg war sehr gering. Nach *Ostwald-Seliger* wird der praktische Rückwurfswert gemessen senkrecht zur untersuchten Oberfläche, während sie durch Licht beleuchtet wird, das unter einem mittleren Winkel von 45° einfällt. Dadurch wird erreicht, daß der Hauptteil des gespiegelten Lichtes bei Haaren nicht in den Kollimator gelangt. Ein Rest von Spiegellicht bleibt infolge der Oberflächenbeschaffenheit der Haare. Um dieser Forderung von *Ostwald* und *Seliger* möglichst nahezukommen, habe ich die Haare bzw. das Fell gekämmt, so daß

---

[1] Z. angew. Chem. **33**, 25 (1920).

alle Haare horizontal parallel liegen. Da infolge der Wärme die Haare sich wölben und damit vermehrte diffuse Spiegelung eintritt, wurden die Haare oder das Fell zwischen 2 Kreisblenden von genügend großem Durchmesser eingeklemmt und die Haare leicht angefeuchtet: die dem Licht und Kollimator zugewendete Haarseite ist eben. Die Blendeneinklemmung hat zugleich den Vorteil, daß alles von den Haaren nicht zurückgeworfene Licht ohne Schaden anzurichten nach rückwärts austritt. Den Gang des von den Haaren zurückgeworfenen Lichtes sieht man sehr schön bei weißem Spaltschutzdeckel: Dreiviertel der Fläche von diesem leuchten in der Farbe der Haare, ein Viertel (rechts vom Spaltfenster) wird nach dem rechten Rand zu immermehr mit Weiß untermischt = zunehmendes Glanzlicht.

Bei diesen Aufnahmen wurde auch zugleich die Haarfarbe okular festzulegen versucht, im Lichtkreis, am Lichtkreisrand, in der übrigen Fläche und im durchgehenden Licht. Die gewonnenen Beobachtungen dieser Art enthält Tab. 1, S. 92/93.

Ausführung

Die Weulelampe wird so hoch gestellt, daß der Lichtbogen in Höhe des Spaltes steht; sie steht außerdem in einem ungefähren Winkel von 45° zum Kollimatorrohr. Zwischen Lampe und Spektralapparat ist ein Wärmeschutz anzubringen, um Veränderungen am Apparat im ganzen, wie insbesondere des Gitterabzuges zu vermeiden. Eine große Asbestwand entsprechend aufgestellt diente hierzu. Vor der Lampe anstoßend eine 30 cm lange optische Bank, Richtung wie die Lampe. Auf dieser optischen Bank stehen nacheinander Kollektor 1c, Wärmefilter und Haarständer. Kollektor 1c steht so, daß kleinstes Bild des Lichtbogens auf der Haarebene konzentrisch in der Verlängerung der Kollimatorachse entsteht. Zwischen Kollektor 1c und Haarebene steht das Wärmefilter. Der Haarständer steht ungefähr 27,5 cm von der Lampe entfernt, Haarebene senkrecht und in Höhe der Kollimatorachse, 2—3 cm vom Spaltfenster entfernt. Die Haarebene soll genau in der Drehungsachse des Ständers liegen, das erleichtert das Einstellen der Lampe. Die Feinverstellung des Lichtkegels geschieht durch die beiden vorderen Fußschrauben der Lampe. Zwischen Kollektor und Wärmefilter kann der Zeitverschluß eingeschaltet werden[1].

Die ersten Aufnahmen wurden mit verschiedenfarbigen Samten gemacht. Bei allen ist die starke Schwärzung im Blau ab 4900 auffallend: Glanzlichtwirkung.

Platte 65, nicht veröffentlicht. Rückwurfsspektren von *schwarzen Pferdehaaren* bei verschiedenen Belichtungszeiten auf Teleplatte. Hier ist neben der unverhältnismäßig starken Schwärzung im Blau, wie sie bei schwarzen Haaren immer wieder

---

[1] Näheres siehe in den Abschnitten von „A. Die Spektralanalyse“ dieser Arbeit.

kommt, bemerkenswert die *Rotbetonung*. Besonders lehrreich ist der Vergleich von Haarspektrum und Lampe. Maximum 6500—6300, also an derselben Stelle wie rotbuntes Niederungsvieh.

Platte 67, Abb. 8: *Dunkles kastanienbraunes Pinzgauer Rindhaar*, Teleplatte. Das rauhe Pinzgauer Haar liefert offenbar weniger Glanzlicht, die Rotbetonung tritt stärker hervor. Man vergleiche die 2 ineinandergreifenden Spektren, oben Lampe, unten Haar. Leider gibt gerade hier der Papierabzug nicht alles wieder, was die Platte selbst zeigt. Auch hier zeigt das Haarspektrum Maximum bei 6500—6300. Das Minumum 5100—4900 kann man sich auch verursacht denken

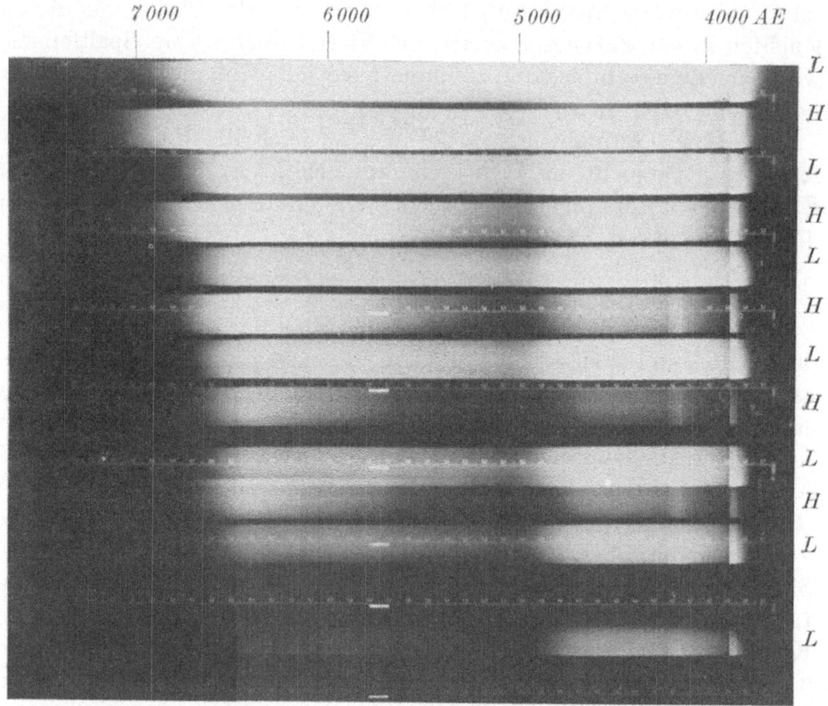

Abb. 8 zu S. 106. Platte Nr. 67 (Tele). L = Spektren der Lichtquelle, H = Rückwurfsspektren von kastanienbraunen Haaren bei abnehmender Belichtungszeit.

dadurch, daß Endabsorption der Haarfarbe bei schwacher Belichtung nur Schwärzung von 6700—5600 erscheinen läßt, während das Glanzlicht bei schwacher Belichtung nur Schwärzung von 4900 an abwärts hervorruft: Resultante daraus ein Minimum bei 5200—5000.

Die folgenden Aufnahmen von Rückwurfsspektren sind wie die vorhergehenden, wenn nicht besonders angegeben, auf Teleplatte durchgeführt, die Belichtungen, oben und unten je 1 Lampenspektrum, in der Mitte Spektren von Haaren.

Platte 104, Abb. 9: a) *Erbsenrotes Frankenrind* b) *Eichkätzchenfell*, kräftig fuchsrotfarben. Beide zeigen ein ausgesprochenes Rotrestspektrum.

Außer diesen veröffentlichten Versuchen wurden noch in gleicher Weise untersucht Felle und Haare von schwarzbuntem Ostfriesenrind,

erbsenrotem Frankenrind, Eichkätzchen, braunem Lamm, Pferd, rotbunten Rindern, schwarzen, braunen, gelben, gelbweißen, weißen Rindern und Pferden, Haare aller Farben von Mensch, Affe Jack, Eisbär,
Schwein usw.

Das Gesamtbild aller dieser Rückwurfsspektren von Haar und Fell
ist kurz zu fassen: Es tritt mehr oder minder neben starker Schwärzung
ab 4900 AE und kleiner *bei allen bunten und schwarzen Fellen entschie-*

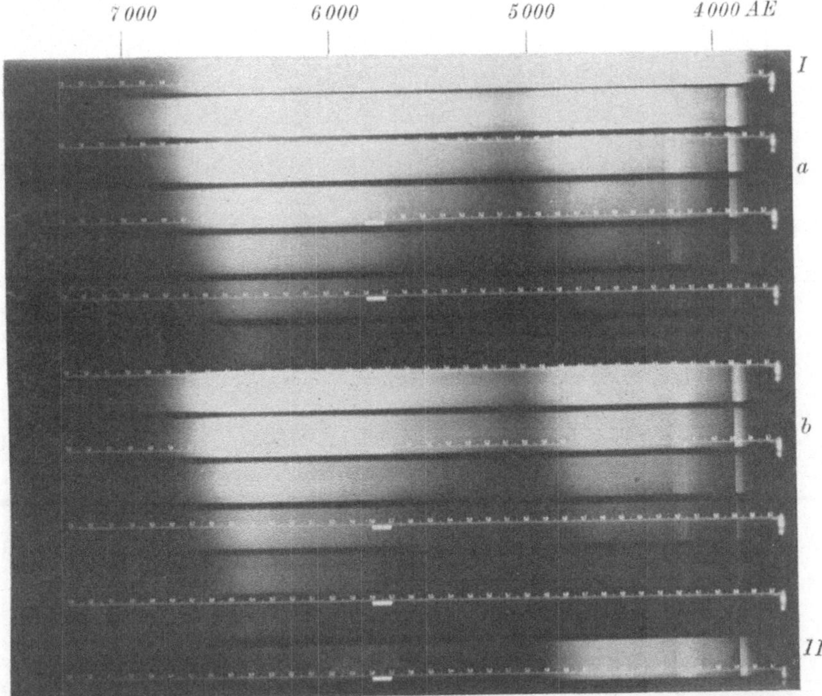

Abb. 9 zu S. 106. Platte Nr. 104 (Tele). I und II Spektren der Lichtquelle. Rückwurfsspektren von
a) erbsenrotem Frankenrind-Fellstück, b) kräftig fuchsfarbenem Eichkätzchenfell.

dene Rotbetonung mit einem Maximum bei rund 6400 AE zutage. Die
Schwärzung im kurzwelligen Gebiet ist wohl dem Glanzlicht der Haare
zuzuschreiben, denn das rauhe Pinzgauer Haar und der emailleartige
Filterrückstand zeigen dieses nicht. Es kann daraus geschlossen werden,
daß das rückgeworfene Licht Rot mit einseitiger Absorption nach dem
kurzwelligen Strahlengebiet enthält. Von einem den Farbstoff als
solchen wirklich kennzeichnenden Minimum kann nicht gesprochen
werden. *Mit Ausnahme der Rotbetonung des rückgeworfenen Lichtes von
schwarzen Haaren haben die Rückwurfsspektren nur das gezeigt, was das
Auge auch allein wahrnimmt.*

2. Restspektren von Flüssigkeiten bei durchgehendem Licht.

Apparate: Balyrohr auf optischer Bank 3 cm vom Spalt entfernt, in Richtung der Kollimatorachse, Einstellen auf Spaltdeckelkreuz. Die Kugel des Balyrohrs wird gefüllt bei eingeschobener Röhre, dann langsam ausgezogen und dabei Einziehen von Luftblasen vermieden, Punktlichtlampe mit Kollektor 1 c. Konzentration nach Mattscheibenbild verändert und die Belichtungszeit entsprechend gewählt. Nach

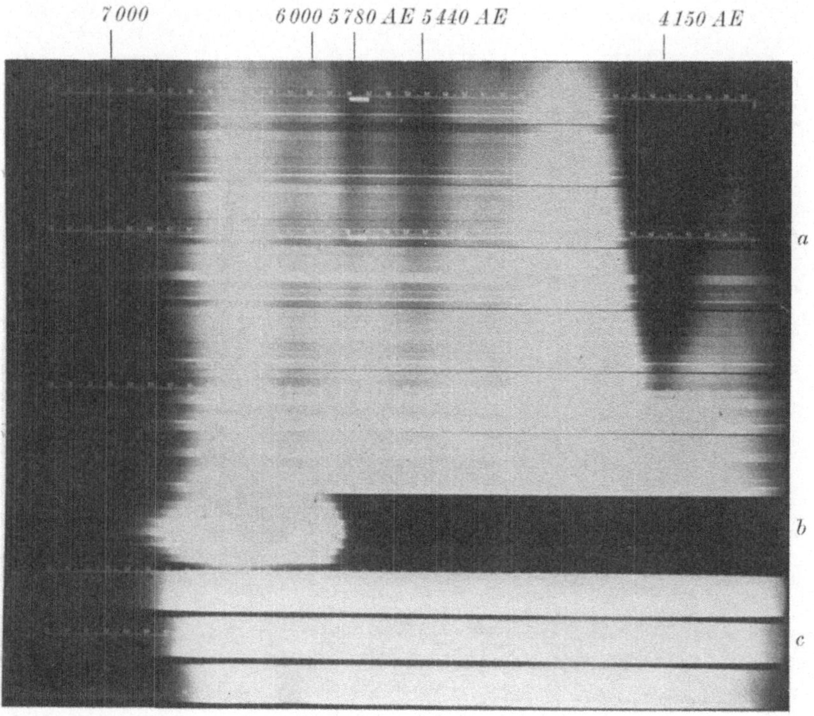

Abb. 10 zu S. 101 u. 108. Platte Nr. 45. (Perutz-Parchromo-B). Restspektren von a) Schweineblut verdünnt, b) Perutz-Rotfilter, c) Punktlichtlampe durch Wasser.

Aufnahme sorgfältiges Reinigen des Balyrohres, Nachspülen mit destilliertem Wasser. Spaltschiebeblenden und Kasettenverschiebung; kein Wärmefilter.

Platte 41, Abb. 10: Perchromo B.

a) *Gesalzenes Schweineblut* mit 0,1 proz. Sodalösung auf rund das 100 fache verdünnt. 39 Aufnahmen je 60 Sekunden Belichtungszeit bei von 40—2 mm arithmetisch abnehmender Schichtdicke, dann entsprechend zunehmende Belichtungszeiten.

Die Platte zeigt zunächst die 3 Eigenminima der Perchromo B-Emulsion im Blutspektrum (wie im untersten Lampenspektrum). Minima des Blutfarbstoffes bei 5780, 5440 und sehr stark bei 4150.

b) Perutz-Rotfilter.

c) Lampe durch Wasser im Balyrohr.

Bei den folgenden Platten 126, 128, 127, 129 Schichtdicke log. abnehmend. Vergleichsspektren oben und unten.

Platte 126, Abb. 11: Teleplatte mit Pinaflavol behandelt, 2 Tage alt, die Wirkung des Sensibilisators beginnt schon zurückzugehen (vergleiche dazu die Platten 120 mit 123, Abb. 14 und folgende, die innerhalb 16 Stunden verarbeitet wurden).

a) Protoporphyrinchlorhydrat.

b) Mesoporphyrinchlorhydrat.

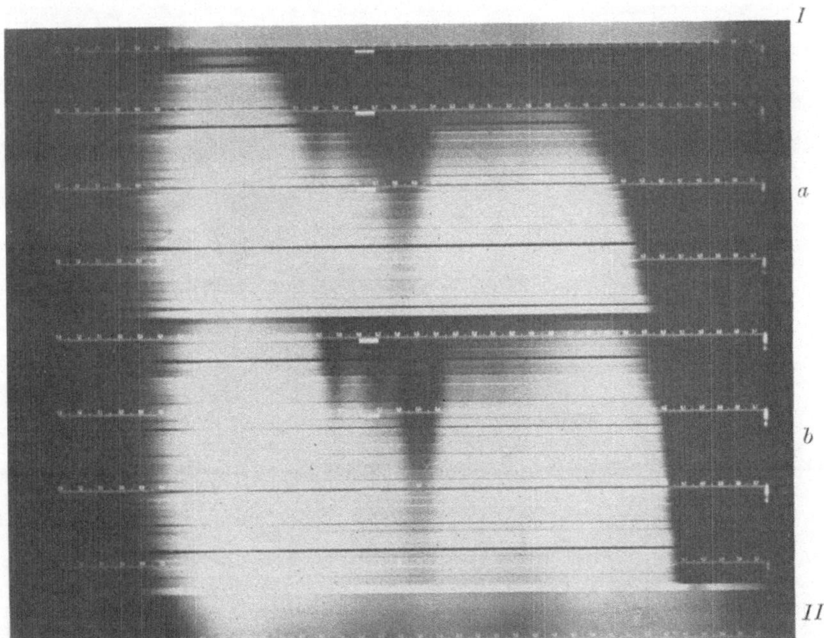

Abb. 11 zu S. 102 u. 109. Platte Nr. 126 (Tele mit Pinaflavol angefärbt, 2 Tage alt). I und II Spektren der Lichtquelle. Restspektren von a) Protoporphyrinchlorhydrat, b) Mesoporphyrinchlorhydrat.

Typische Absorptionsspektren! Minima bei 5930, 5740, 5500 und sehr stark bei 4050 AE.

Platte 128 nicht veröffentlicht: Teleplatte. (Das Eigenminimum von 5100 bis 4900 ist nicht durch Pinaflavol ausgefüllt.)

a) Hämatoporphyrinchlorhydrat. Das Plattenminimum stört etwas.

b) Auszug von Frankenrindhaar. Einseitige Schluckung.

Platte 127, Abb. 12: Tele mit Pinaflavol sens., 2 Tage alt.

a) Auszug von schwarzen Pferdehaaren. Endschluckung auf kurzwelliger Seite; Minimum bei 4950? Maximum bei 6420 rund. Das Minimum läßt sich schwer mit Sicherheit bestimmen, da die alternde Platte ebenfalls an dieser Stelle ein Eigenminimum zeigt.

b) Auszug von weißen Hundehaaren. Allgemeine Endabsorption verläuft langsamer; hier ist das Minimum bei 4950 noch fraglicher.

Platte 129, nicht veröffentlicht: Tele.

Beide Aufnahmen bei gleicher Schichtdickenveränderung, Konzentration und Belichtungszeit (je 12 Sekunden).

a) Auszug von Pinzgauer Haaren.

b) Kalilauge mit Kork gekocht und filtriert.

Bei beiden allgemeine Endschluckung, Minimum scheint vorhanden. Bei b verläuft die Endschluckung *rascher*, ist das Minimum vielleicht stärker aus gedrückt.

Gesamtergebnis Alle Kalilaugenauszüge zeigen allgemeine Schluckung nach der kurzwelligen Seite, bei Auszug von weißen Haaren vielleicht

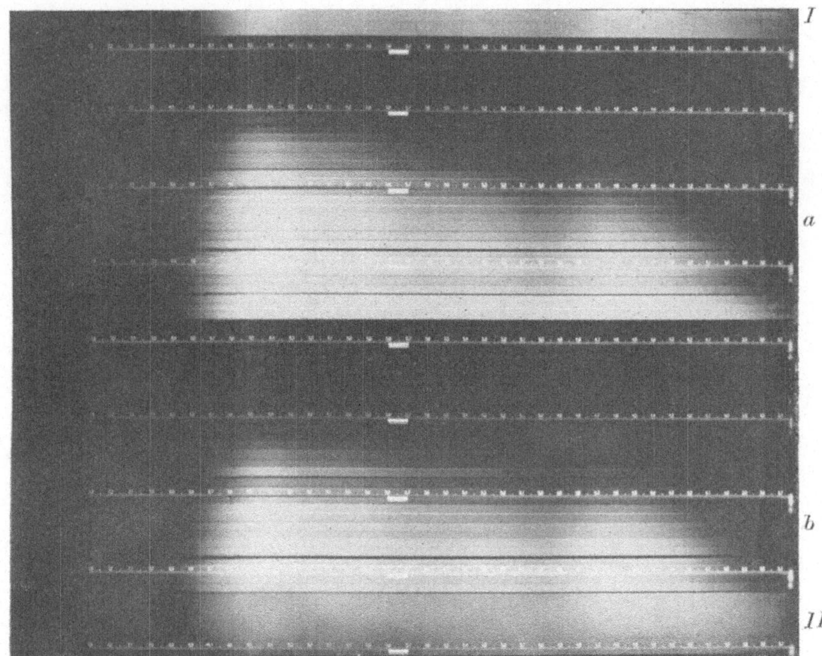

Abb. 12 zu S. 109. Platte Nr. 127 (Tele mit Pinaflavol angefärbt, 2 Tage alt). I und II Lichtspektren. Restspektren von a) KOH-Auszug von schwarzen Pferdehaaren, b) KOH-Auszug von weißem Hundehaar.

etwas langsamer, bei Korkauszug rascher wie bei bunten Haaren. *Diese allgemeine Endschluckung nach der kurzwelligen Seite ist die Erklärung für die Farbenskala beim Verdünnen. Wird das Licht wenig absorbiert, so fehlt nur der kurzwellige Teil des Spektrums, der Rest hat die Schwingungsbereiche Rot, Gelb und Grün. Rot und Grün sind komplementär, ergänzen sich also in unserem Auge zu Weiß, Gelb gibt den Farbton an. Mit zunehmender Absorption wird auch Grün verschluckt: Rot kommt zur Wirkung, zuerst mit Gelb zusammen, später allein. Bei sehr großer Schichtdicke dringt nur ein kleiner Bruchteil „Rot" hindurch, wir empfinden Dunkelrot; wenn schließlich auch die Rotempfindlichkeit des Auges nicht mehr gereizt wird: Schwarz.*

Ich wage nicht auf Grund der allgemeinen Endschluckung allein einen Farbstoffunterschied zwischen Auszug von bunten Haaren einerseits und von Kork und weißen Haaren andererseits zu ziehen. Die Möglichkeit hierzu wäre durch den verschieden raschen Verlauf der einseitigen Schluckung, wie Minimumstärkenunterschied vielleicht gegeben. (Bei allen Untersuchungen ist gleiche Konzentration *nur* durch okulare Beobachtung der Flüssigkeit und des Mattscheibenbildes bei gleicher Schichtdicke angestrebt worden.)

3. Restspektren von Haaren bei durchgehendem Licht.

Es wurde versucht, die Haare und ihre Farbe möglichst unverändert bei durchgehendem Licht zu untersuchen. Parallel geordnet, zwischen Blenden eingeklemmt, zwischen Glas in Luft und in Xylol wurden die verschiedenen Haare untersucht; der Erfolg entsprach nicht. Haare zu spalten in Längsrichtung ist umständlich durchzuführen. So wurden die Haare deformiert, zerhämmert, später *gepreßt*.

Bei dem röhrenförmigen Bau und der an und für sich großen Widerstandskraft der Haare gegen Druck muß große Kraft, mehr als 200 kg je Quadratmillimeter aufgewendet werden, sollen die Haare gleichmäßig für dauernd die gepreßte Form bandartig beibehalten. Auch bei stärkstgepreßten Haaren, 300 kg/qmm, tritt nach Anfeuchten bald ein Zurückgehen zur Röhrenform ein. Gewöhnlicher Werkzeugstahl ist nicht brauchbar: 2 Klötzchen mit je 400 qmm eben geschliffener Fläche wurden von 4 dazwischen liegenden Haaren (rund 0,1 mm stark) bei 12000 kg Druck deformiert. Die Haare waren weniger angegriffen als der Stahl, denn erstere lagen nach dem Pressen in Rillen, die sie in den Werkzeugstahl gedrückt hatten. Zu den endgültigen Versuchen wurde *Böhlerstahl extra zähhart* genommen, 2 zylinderförmige Klötzchen von 2 cm Durchmesser und je 15 mm Höhe daraus gefertigt und diese nach Vorschrift gehärtet. Das Ebenschleifen der Preßflächen wurde durch Reiben auf gußeiserner Richtplatte mit Wasser sorgfältig durchgeführt und, um die Druckleistung je Quadratmillimeter zu erhöhen, diese Flächen so zugeschliffen, daß nur je ein zentrisch liegendes Rechteck von rund 5 mm × 16 mm = 80 qmm Preßfläche geblieben ist. Ein Messingring mit 3 Rillen wird auf das untere Klötzchen aufgesteckt und gibt den Haaren ihre Lage an (Haltering). Das obere Klötzchen wurde an der oberen Außenfläche kalottenförmig zugeschliffen, um den Druck der Preßbacken auf die Mitte zu konzentrieren, gleichmäßigen Druck dadurch zu gewährleisten. Gepreßt wurde mittels hydraulischer Presse auf 24000 kg = 300 kg/qmm der Preßfläche. Die Haare werden in Äther gewaschen, dann mittels Daumen und Zeigefinger der linken Hand gefaßt und mit einer Pipette eine Schlinge gezogen; es geht das schon nach einigen Versuchen rasch von der Hand. In die Schlinge wird vor dem Zusammenziehen ein Pferdehaar mit Knoten durchgesteckt, an dessen anderem Ende eine Schraubenmutter als Spanngewicht hängt. Das so auf beiden Seiten geknüpfte Haar wird in die gegenüberliegenden Rillen des Halteringes auf dem unteren Preßklötzchen gelegt, durch das Gewicht der beiderseitig anhängenden Gewichte (Schraubenmutter gleichschwer) in gespannter Lage auf der Preßfläche in Längsrichtung erhalten. Nachdem die 3 Haare bei gleicher Spannung eingelegt sind, setzt man das obere Preßklötzchen so auf, daß beim folgenden Pressen eine Beschädigung der Preßflächen nicht eintreten kann und setzt dann die hydraulische Presse in Gang. Man erhält so Haarbänder von 18 mm Länge und etwa 1,5 mm Breite.

Mehrere Preßhaare aneinandergereiht zwischen Glas, in Blenden eingepreßt, auf Blenden aufgeklebt, auf Glas aufgeklebt usw geben auch bei sorgfältigster Anlage bald Veränderungen, so daß Streifen im Spektrum entstehen und bei der notwendigen längeren Belichtung (bis mehrere Stunden!) fremdes Licht mit durchdringt.

Ein Preßhaar kann diese Fehler nicht zeigen, die Verwendung von nur einem Preßhaar macht aber Sonderblenden notwendig.

1. Die Lackseite eines guten *Spiegels* wird mittels Federmesser so geritzt, daß ein Spalt von rund 0,06 mm lichter Weite und 15 mm Länge entsteht. Klebt man mittels Pelikanol auf diesen Spalt an der Lackseite des Spiegels ein Haar mit den Enden fest, so kann auf die Spiegelseite fallendes Licht nur durch das Haar hindurch austreten. Um hiervon Spektralaufnahmen machen zu können, wurde dieser *selbstgefertigte Spalt* zunächst ohne Haar (unter Haar ist jetzt immer ein gepreßtes Haar gemeint) vor den enggestellten Spalt des Apparates (Spaltschutzkappe abgenommen) gebracht und versucht, ihn möglichst in die optische Achse des Spaltrohres und zugleich senkrecht dazu, parallel dem Apparatspalt, zu bringen. Dann der eigentliche Apparatspalt weit geöffnet: der *Spiegelspalt* tritt an seine Stelle. Die Kollimatorlinse wird entsprechend (auf C 20) verstellt. Aufnahme erfolgt für Vergleichsspektren ohne und dann mit Haar.

Platte 63, nicht veröffentlicht, zeigt das gewonnene Bild. *Das Haar ist von rotbuntem Wilstermarschrind (Bulle ,,Erbprinz", Domäne Dabitz) und es zeigt sich eine doppelte Absorption: Einseitige Endschluckung nach dem kurzwelligen Teil des Spektrums und das Schluckungsbild eines roten Farbstoffes mit Maximum bei rund 6420 und entsprechendem Minimum bei etwa 5000 AE.* (Wie aus den Linien 5896 und 5890 zu ersehen ist, ist die Lage des Spaltes nicht ganz genau, das Spektrum ist um 10—12 AE nach Violett verrückt. Die Querstreifen rühren von den unregelmäßigen Spalträndern her.)

2. Bei dieser Art von Aufnahme ist die Lage des Spaltes und damit die des Spektrums nicht ganz einwandfrei; außerdem ist der Präzisionsspalt des Spektralapparates zu leicht Beschädigungen, Verstaubung usw. ausgesetzt. Es blieb daher bei dieser einen Aufnahme und wurden

für die folgenden Aufnahmen *Messingblechblenden* angefertigt. In 1 mm starkes Messingblech wird ein Spalt von rund 0,25 mm Breite und 2 cm Länge eingeschnitten, die Ränder glatt gehobelt, das Blech mit $Cu(NO_3)_2$ in der Bunsenflamme geschwärzt, dann abgebürstet. Mittels Klemmen (Heftnadeln) wird ein Preßhaar vor den Ausschnitt dieser Blende festanliegend gebracht, die Blende mit Preßhaar vor das Spaltfenster aufgestellt. Infolge der starken Lichtschwächung steht die Weulelampe mit Kollektor 1c so, daß kleinster Lichtkreis (Durchmesser 6 mm) auf dem Haar und Blechspalt abgebildet wird. (Weulelampe ist 28 cm vom Spalt entfernt.) Einrichten der Lampe, ruhiger Stand des Lichtbogens muß peinlichst beachtet werden.

Einstellen der Blechspaltblende mit Haar. Auf der Mattscheibe des Spektrographen sieht man gewöhnlich nichts, dagegen bei direkter Sicht durch die offene Kamera hindurch, auf dem Gitter ein breites Bild des Spaltes. Die Lage der Blechspaltblende ist nur dann einwandfrei, wenn das Spaltbild rotgefärbt am linken Rand des sichtbaren Gitterausschnittes eben noch voll sichtbar ist und senkrecht steht. Ist dies nicht der Fall, so wird der Kollimator nicht gleichmäßig ausgeleuchtet, es tritt der auf Seite 84 besprochene Fall ein und auf der Platte ist im extremsten Fall die rote oder die blaue Seite des Spektrums einseitig bevorzugt. Wird bei falscher Stellung der Blechspaltblende eine Aufnahme gemacht, so zeigt das erhaltene Bild eine falsche Intensitätsverteilung im Spektrum. Es wurden absichtlich bei falscher Blendenstellung Aufnahmen gemacht und die richtige Stellung, wie oben angegeben, ist bestätigt durch eine Reihe von Aufnahmen durch den Blechspalt ohne Haar. Immer hat bei letzteren das Lampenspektrum die gewohnte Verteilung der Schwärzung auf der Aufnahmeplatte. Neben der genauen Lage der Blechspalte vor dem Kollimatorspalt ist weiter bei Gitteraufsicht darauf zu achten, daß neben dem breiten Hauptbild sich nicht noch mehrere schmale Beugungsstreifen zeigen. Wenn diese sichtbar sind, ist fremdes Licht vorhanden, d. h. es dringt unverändertes Lampenlicht durch den Blechspalt neben dem Haar in den Kollimator ein. Ursachen können sein: Das Haar ist zu schmal, das Haar ist schief aufgelegt, das Haar hat sich gespalten, das Haar hat sich gewölbt. Letzteres tritt gern bei Kohlenwechsel ein; es vergehen meistens 2 Min. bis der neue Lichtbogen wirkt, während dieser Zeit (Temperaturspannung?) verzieht sich das Haar. Ich habe daher vor jeder Einstellung und nach jedem Kohlenwechsel die Lage des Haares vor dem Blechspalt an diffus leuchtender Lichtquelle dadurch nachgeprüft, daß bei Aufsicht das durch die Haarfarbe gefärbte Blechspaltbild gleichmäßig erscheinen mußte. War dies nicht der Fall, mußte Neuauflage versucht werden und wenn diese keinen Erfolg zeitigte, ein anderes Preßhaar genommen werden. Eine Rauchglasbrille erleichtert während der Aufnahme das Überprüfen der grell beleuchteten Haarauflage.

Die Aufnahmen mittels Blechspaltblende zeigen gleichmäßig über das Spektrum verteilt Absorptionsstreifen mit nach der kurzwelligen Seite hin abnehmendem Abstand. Sie sind durch Interferenz entstanden, weiter Öffnungswinkel, Anordnung von 2 Spalten die Ursache. Sie müssen als gegeben mitgenommen werden. Mit aus diesem Grund sind auch die Vergleichsspektren (Lampe allein) stets durch denselben Blechspalt hindurch aufgenommen.

Etwa 60 nicht veröffentlichte Aufnahmen wurden so bei der Anordnung Weulelampe, Kollektor 1c, Wärmefilter, (Sektorblende), Blechspaltblende mit und ohne Preßhaar, Spektrograph, Teleplatte gewonnen. Der vordere Rand der Weulelampe war vom Spaltfenster 27—28 cm entfernt, Kollektor 1c mit offener Blende entsprechend gestellt, die optische Achse von Positivkohle und Sammellinse so gut wie möglich mit der Kollimatorachse zusammenfallend; im übrigen das bisher Gesagte genau beachtet. Auf einer Platte wurden immer aufgenommen von oben nach unten: 2 Vergleichsspektren, 11 Haarfarbenspektren bei abnehmender Belichtungszeit, 1 Vergleichsspektrum. Als Belichtungsschema wurden um stets 33% abnehmende Belichtungszeiten (bei Platte 70 um 50% abnehmende Belichtungszeit) angewandt, also z. B. die Folge 135′, 90′, 60′, 40′, 27′, 18′, 12′, 8′ Min. usw. bei gleicher Spaltweite (0,03 mm); je nach Absorption wurden nur die absoluten Belichtungszeiten verschoben, das Verhältnis der Belichtungszeiten zueinander blieb immer das gleiche.

Durch entsprechende Aneinanderreihung dieser Aufnahmen ist in der Originalarbeit der allmähliche Übergang der Spektren von Lampe allein über weißes Haar, gelbes Haar usw. bis Spektren von schwarzen Haaren gezeigt; die Reihenfolge ergab sich aus dem zunehmenden Hervortreten der roten Seite und dem allmählichen Zurückweichen der blauveilen im Spektrum. Das zunächst starke Hervortreten der kurzwelligen Strahlen ist in der Empfindlichkeit der Emulsion für Strahlen dieser Art zu suchen, also durch Platteneigentümlichkeit bedingt. Als sehr bezeichnend für die vorliegenden Verhältnisse erscheinen weiters Aufnahmen der Spektren von Haaren bei *verschiedener Schichtdicke*; letztere wurde erhalten durch Aufeinanderlegen von mehreren Preßhaaren oder durch Verwendung von dünnen bzw. dicken Haaren gleichen Ursprungs.

Gesamtergebnis: Alle untersuchten Haarfarben zeigen sich in den bei dieser Art von Aufnahmen gewonnenen Spektren wie ein und derselbe Farbstoff bei verschiedener Wirksamkeit (z. B. verschiedener Schichtdicke, Konzentration, Lichtstärke); allen Aufnahmen von bunten und schwarzen Haaren ist gemeinsam *allgemeine Endschluckung* nach der

kurzwelligen Seite, ein *Maximum* bei rund 6420 AE, ein wahrschein-
liches *Minimum* bei etwa 5030 AE.

Nachdem, wie schon erwähnt, es nicht möglich ist, die ganze Reihe
der Spektralaufnahmen von Haaren aller Farben und verschiedener
Schichtdicke zu veröffentlichen, sind nachstehend einige Negative
wiedergegeben, die einen kurzen, aber besonders treffenden Einblick
in die vorliegenden Verhältnisse geben. Vorher eine kurze technische
Zwischenbemerkung:

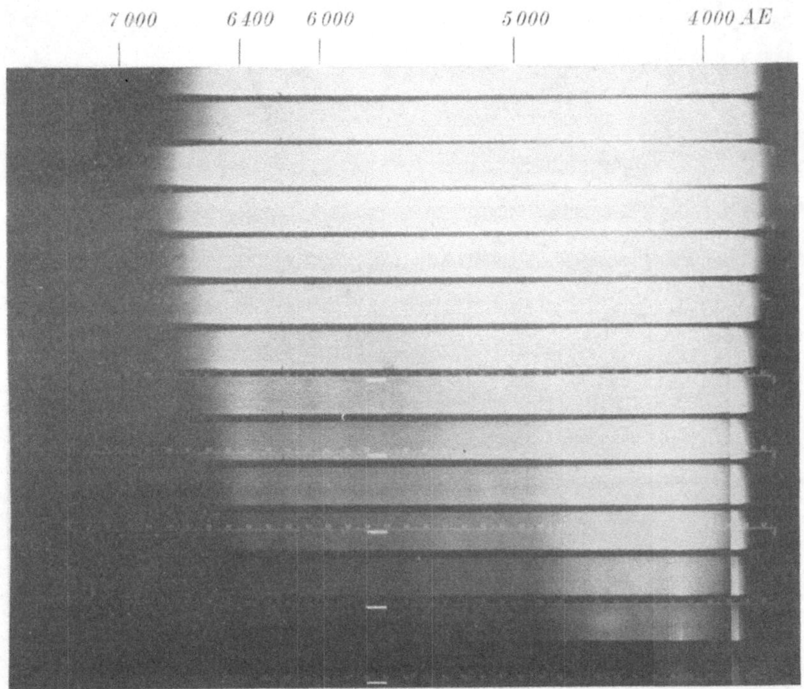

Abb. 13 zu S. 115. Platte Nr. 120 (Tele mit Pinaflavol angefärbt, frisch). Spektren der Kohlenbogenlampe durch Blechspaltblende *allein*.

Die Teleplatte weist zwischen 5100 und 4900 AE ein verhältnismäßig starkes Minimum der Empfindlichkeit auf, das wie bei den durch
Rückwurf gewonnenen Spektren im Restspektrum der Preßhaare eine
sichere Feststellung eines Minimums im Wellenlängenbereich von 5100
bis 4900 AE sehr erschwert. Es wurden daher, wie schon im Abschnitt
über Photographie des näheren ausgeführt, Teleplatten mit Pinaflavol
angefärbt und zu den Aufnahmen Abb. 13 mit 16 innerhalb 16 Stunden
verbraucht. Versuchsanordnung sonst unverändert.

Platte 120, Abb. 13: Lampe durch Blechspaltblende; die Mängel der Teleplatte allein bei schwachem Licht sind zugedeckt.

8*

Platte 123, Abb. 14: Weißes Schwanzhaar von Schimmelhengst. Sie dient wie Platte 120, Abb. 13 zum Vergleich und zeigt ein dem Restspektrum des Kohlelichtbogens ähnliches Bild mit etwas geschwächter langwelliger Seite.

Platte 121, Abb. 15: *Schwarzes Schwanzhaar* von einem Rappen. Diese Aufnahme zeigt *ein ausgesprochenes Maximum zwischen 6380—6460 AE, ein Minimum bei etwa 5000 AE* (eine genauere Feststellung des Minimums ist infolge der durch die Versuchsanordnung bedingten Interferenzstreifen mit dem Auge nicht möglich,

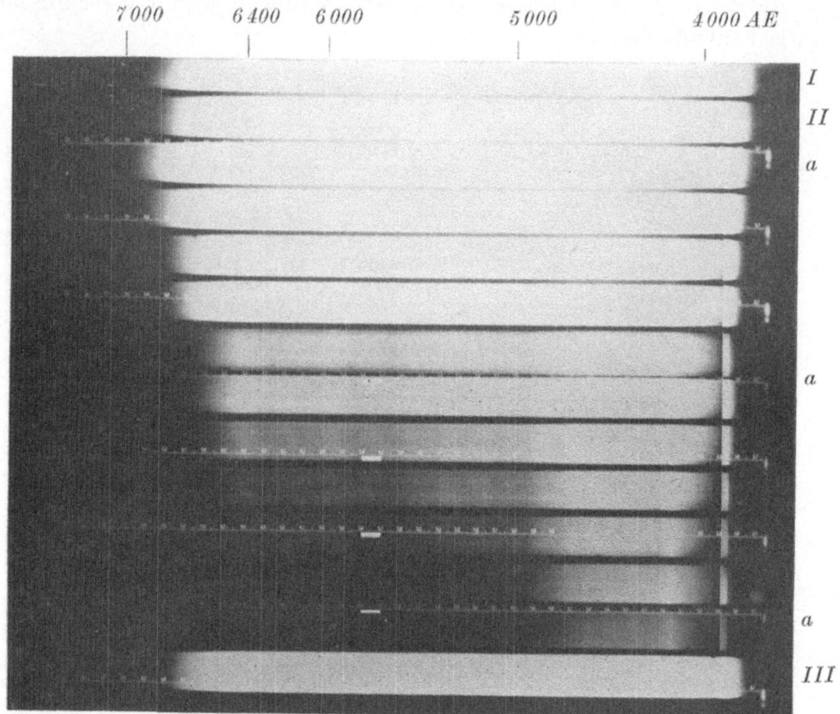

Abb. 14 zu S. 116. Platte Nr. 123 (Tele mit Pinaflavol angefärbt, frisch). I, II und III Spektren der Lichtquelle (Kohlenbogenlampe) allein. *a*) Restspektren von gepreßten *weißen* (Pferde-)Haar bei verschiedener Belichtungszeit.

doch sollen die Platten noch photometrisch ausgemessen werden). *Das Spektrum ist qualitativ das gleiche wie das von rotbunten Haaren* auf Platte 122 der nächsten Abbildung, *schwarze Haare enthalten also auch roten Haarfarbstoff.*

Platte 122, Abb. 16: *Rotbuntes Haar von* Wilstermarschrind. *Auch hier ein Maximum zwischen 6380—6420 AE, ein Minimum bei rund 5000 AE, also an derselben Stelle wie bei den „schwarzen" Haaren* (Platte 121).

Zwischen dem Haarfarbstoff schwarzer Haare und dem von rotbuntem Haar zeigt sich bei beiden Aufnahmen spektralanalytisch im Wellenlängenbereich von 7000—3900 AE qualitativ kein Unterschied, stets ist die Erscheinung eines roten Farbstoffes gegeben.

Platte 99, Abb. 17, zeigt Restspektren der angefertigten Farbaufstriche von feinstverteilten Haarsubstanzteilchen wie S. 99 angegeben auf Perutz-Teleplatte.

1. Spektrum: Lampe durch Leinölfirnis allein.

2. mit 5. Spektrum: Farbaufstrich aus schwarzem Pferdehaar *dick.*

6. mit 10. Spektrum: Farbaufstrich aus schwarzem Pferdehaar *dünn.*

Man beachte den auffallenden Wechsel des Maximums der Schwärzung! Bei dickem Aufstrich ist fast nur Rot vorhanden, bei dünnem Aufstrich wiegt das Blau vor: Fremdes Licht.

8. Spektrum: Farbaufstrich aus Haar von kastanienbraunem Pinzgauerrind *dick.*

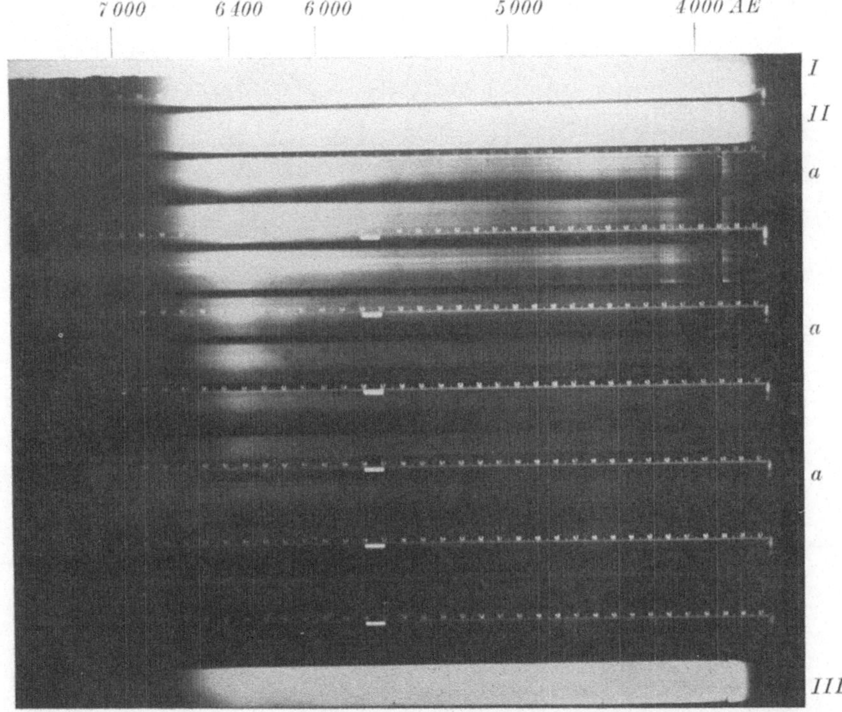

Abb. 15 zu S. 116. Platte Nr. 121 (Tele mit Pinaflavol angefärbt, frisch). I, II und III Lichtquelle durch Blechspaltblende allein als Vergleichsspektren. a) Restspektren von gepreßten *schwarzen* (Pferde-)Haar bei verschiedener Belichtungszeit.

9. mit 10. Spektrum: Farbaufstrich aus kastanienbraunem Haar von Pinzgauerrind *dünn.*

Dasselbe Bild wie bei schwarzen Haaren.

11. und 12. Spektrum: Farbaufstrich von Frankenrindhaar dick.

13. Spektrum: Farbaufstrich von Frankenrindhaar dick, aber infolge der Wärme hat der Aufstrich eine Blase geworfen.

Auch hier das gleiche Bild wie bei schwarzen und kastanienbraunen Haaren.

D. Zusammenfassung der Ergebnisse.

Die Fragestellung, welche der Arbeit zugrundeliegt, wurde, um sich nicht zu verlieren, möglichst einfach gehalten: *Wie ist das spektrale Bild der Haarfarbe als Ganzes bei auffallendem rückgeworfenen Licht und auffallend durchgehendem Licht?* Wesen, Aufbau der Pigmente usw.

wurden in der Arbeit selbst nicht näher behandelt, nur die Haarfarbe als solche sollte möglichst physikalisch einwandfrei untersucht werden.

In der Zusammenfassung glaube ich daher folgende Sätze anführen zu können:

1. Rein *physikalisch* betrachtet ist jede Substanz des Tierkörpers, welche bestimmte Gruppen von Strahlenarten in andere Energieformen umzuwandeln (zu verschlucken) vermag, ein Farbstoff oder *Pigment;*

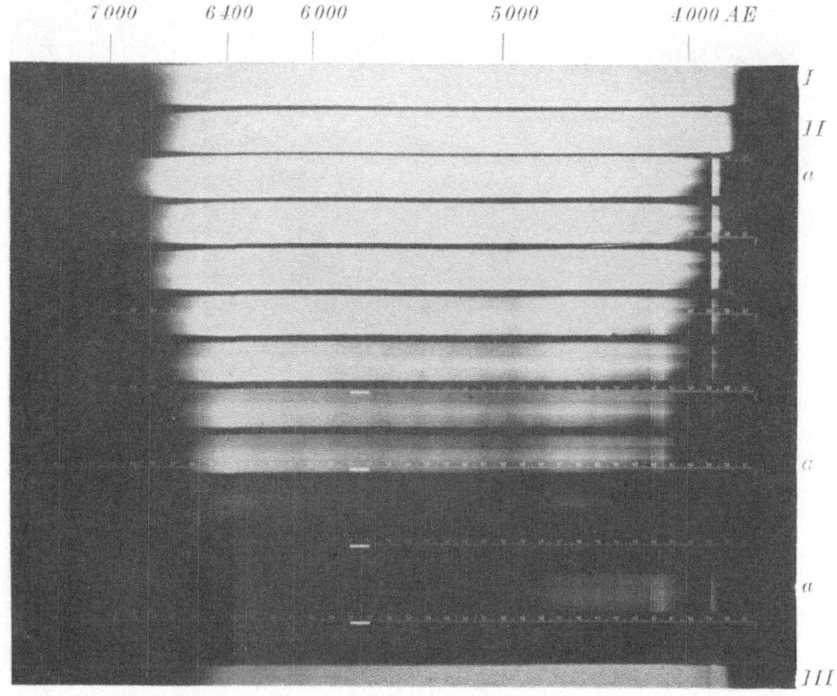

Abb. 16 zu S. 116. Platte Nr. 122 (Tele mit Pinaflavol angefärbt, frisch). I, II und III Spektren der Kohlenbogenlampe allein. *a*) Restspektren von gepreßten *roten* (Rinder-)Haar bei verschiedener Belichtungszeit.

auffallendes Tageslicht wird vom Farbstoff zur sog. Farbstoffarbe oder Körperfarbe verändert.

2. Es entspricht dem unter 1 gegebenem Begriff nicht, *nur in körnigkrystallinischer* Form ausgeschiedenen Farbstoff oder vielleicht durch Fixierung in Schnitten entstandene *Kunstprodukte* als tierisches Pigment anzusprechen.

3. Infolge der (noch vielfach ungeklärten) physiologischen und psychologischen Vorgänge des *Farbempfindens durch das Auge* vermögen wir nicht immer durch unser Sehorgan alle Strahlenarten bestimmter Schwingungsgebiete einwandfrei festzustellen. *Schwarze Haare* von

Affe, Pferd, Mensch usw. *erscheinen bei genügend großer Lichtstärke rot,* flachsfarbene Haare in genügender Schichtdicke kreßfarben-gelbrot, erbsengelbe Haare gelbbraun bis rotbraun.

4. Auch bei gleichbleibender Lichtstärke weist das Haarkleid des *einzelnen Tieres* Farbenübergänge auf, so ein Pferd mit fuchsfarbenem Deckhaar in Mähne und Schwanz weißgelbe, hellgelbrote, gelbrote, braune, dunkelbraune und schwarze Haarfarbe.

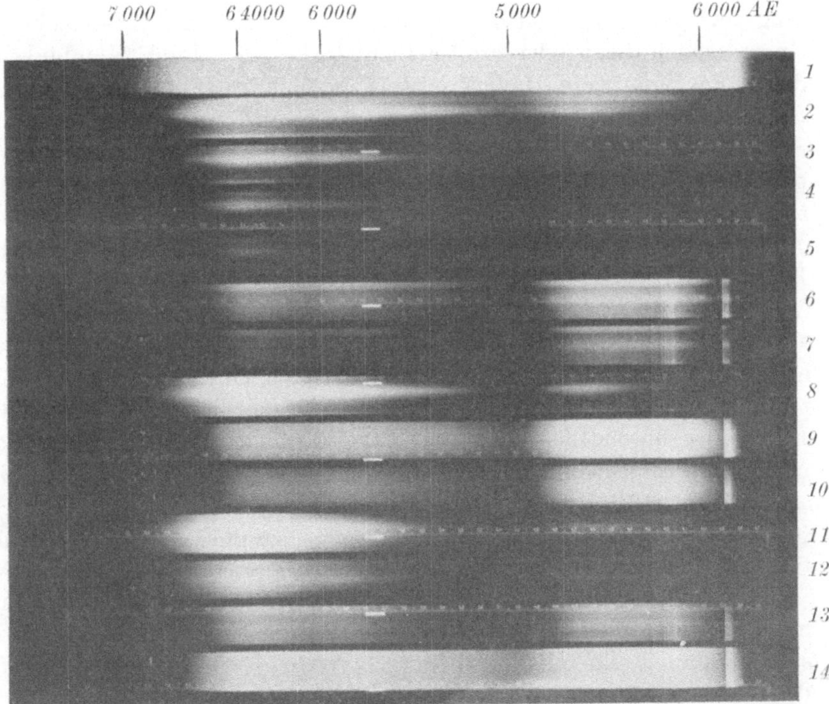

Abb. 17 zu S. 99 und 116. Platte Nr. 99 (Tele). Restspektren von 1) Lampe durch Leinölfirnis auf Glas. 2—5) Dicker „Farbaufstrich" von schwarzem Pferdehaar. 6—7) Dünner „Farbaufstrich" von schwarzem Pferdehaar. 8) Dicker „Farbaufstrich" von kastanienbraunem Rinderhaar. 9—10) Dünner „Farbaufstrich" von kastanienbraunem Rinderhaar. 11—12) Dicker „Farbaufstrich" von erbsenrotem Rinderhaar. 13) Dicker „Farbaufstrich" von erbsenrotem Rinderhaar durch Werfen einer Blase infolge der Wärme verdünnt. 14) Lampe durch Leinölfirnis auf Glas allein.

5. Die *spektrographischen Untersuchungen* von außer durch Pressen unveränderten Haaren ergaben bei der in der Arbeit angegebenen Versuchsanordnung im Wellenlängenbereich von 7000—3900 AE bei bunten und schwarzen Haarfarben ein Restspektrum mit einem Maximum zwischen 6390—6460 AE, einem Minimum bei rund 5000 AE und sonst allgemeiner Endschluckung nach der kurzwelligen Seite. Alle untersuchten bunten und schwarzen Haarfarben erwiesen sich in ihrer Gesamtheit spektralanalytisch wie ein und derselbe Farbstoff bei ver-

schiedener Wirksamkeit. (Vergleichsbasis Lichtspektrum und Spektrum weißer Haare.)

6. Der spektralanalytische Befund eines Farbstoffes von allgemeiner Endschluckung nach der kurzwelligen Seite und die Feststellung eines Maximums in Rot läßt für die Erscheinung der *Haarfarbenskala* nachfolgende Erklärung zu:

Wird von durchgehendem oder rückgeworfenem Tageslicht (das mit verschwindender Ausnahme alle Wellenlängen der sichtbaren Strahlung enthält) infolge geringer Konzentration des Farbstoffes oder geringer Schichtdicke oder großer Lichtstärke oder durch Kombination dieser Faktoren vom Haar nur wenig Licht verschluckt, so fehlt im Spektrum nur der kurzwellige Teil, der Rest umfaßt vor allem die Schwingungsbereiche Rot, Gelb und Grün. Rot und Grün sind komplementär, ergänzen sich in unserem Auge zu Weiß, *Gelb* gibt den Farbton an. (Auf solche Art kann man sich auch die Entstehung der *blaßgelben* Farbe der Keratinsubstanz, vom Protoplasma u. dgl. vorstellen.) Bei stärkerer Verschluckung schlägt der *hellgelbe* Farbton mehr ins *Rötliche* um: Rot kommt zur Wirkung, vorerst mit Gelb zusammen, später allein. Ist daher neben Veil und Blau auch Grün ganz verschluckt, empfinden wir *Rotgelb*, mit zunehmender Schichtdicke oder Konzentration usw. nur mehr *Rot*. Bei sehr großer Schichtdicke usw. ist auch der Betrag des durchgelassenen oder rückgeworfenen Rots so gering, daß unser Auge nicht mehr gereizt wird, wir empfinden die Farbe als *Schwarz*.

7. Vorbehaltlich der spektralanalytischen Untersuchung im infraroten und ultravioletten Gebiet und der ebensowenig erforschten Strukturverhältnisse des einzelnen Haares kann man die Schlüsse ziehen:

a) Mehrfache Spiegelung an vielen Plättchen kommt fast vollkommener Spiegelung gleich. Undurchsichtige Haare ohne besonderen Farbstoff wirken wie eine allseitig diffus rückwerfende Fläche und erscheinen dadurch *weiß*.

b) Die Erscheinung der *bunten* und *schwarzen Haarfarben* ist vor allem einem Farbstoff zuzuschreiben, der im Wellenlängenbereich 7000 bis 3900 AE ein Maximum zwischen 6380—6460 AE, ein Minimum bei rund 5000 AE und allgemeine Endschluckung nach der kurzwelligenSeite im Spektrum aufweist. Wodurch die verschiedenen Farbtöne hervorgerufen werden, ist nicht vollständig festgestellt; verschiedene Wirksamkeit des Farbstoffes durch verschiedene Art der Verteilung, Anordnung im Haar usw. in Wechselbeziehung zur Haarstruktur können mitspielen (s. Punkt 6).

c) *Mehrere Arten von Farbstoff anzunehmen, liegt keine Veranlassung vor*, doch darf nicht vergessen werden, daß „Schwarz" spektralanalytisch nicht erfaßt werden kann. *Die Beantwortung der Frage, ob im Haar ein schwarzer Farbstoff vorkommen kann, hat die Lösung des großen Problems zur Voraussetzung „Ist Schwarz eine Farbe?"* (*Helmholtz-Ostwald*).

d) Die Farbe *Grau* dürfte vornehmlich durch die Art der Strukturverhältnisse und der damit verbundenen allgemeinen gleichmäßigen Schwächung, Schluckung des auffallenden weißen Lichtes bedingt sein. Die Alterungserscheinungen lassen sich wie i. d. A. oben angeführt erklären. Der Zellverband lockert sich, der Markkanal wird leer, das Haar durchscheinend, der Haarfarbstoff (Pigment) schwindet. Alle diese Faktoren wirken gleichmäßig lichtverschluckend, geben die Erscheinung grau. Dringt in das Haar vermehrt Luft ein, so tritt im Innern des Haares vielfache Spiegelung des Lichtes auf, das Haar wird glänzend silbergrau.

Literaturverzeichnis.

Agfa, Photohandbuch. — *Baly-Wachsmuth*, Spektroskopie. Berlin 1908. — *Bloch, B.*, Das Problem der Pigmentbildung der Haut. Arch. f. Dermat. **124** (1917). — *Bohr, N.*, Über die Quantentheorie der Linienspektren. Braunschweig 1923 — Drei Aufsätze über Spektren und Atombau. Braunschweig 1924. — *Brehm*, Tierleben. — *Bruel, L.*, Zelle und Zellteilung. Zoologisch. Hwb. d. Nw. **10**. — *Classen*, Lichtbeugung. Hwb. d. Nw. **6** — Lichtinterferenz. Hwb. d. Nw. **6** — Lichtpolarisation. Hwb. d. Nw. **6** — Lichtreflexion. Hwb. d. Nw. **6**. — *Cohnheim*, Eiweißkörper. Hwb. d. Nw. **3**. — *Ebert*, Die strahlende Energie. Lehrbuch der Physik. **2 II**. Berlin-Leipzig 1923. — *Eibner, A.*, Farben. Hwb. d. Nw. **3**. — *Elbs*, Farbstoffe. Hwb. d. Nw. **3**. — *Ellenberger*, Vergleichende mikroskopische Anatomie der Haustiere. Berlin 1911. — *Ellenberger-Baum*, Handbuch der vergleichenden Anatomie der Haustiere. Berlin 1912. — *Exner, F. M.*, Atmosphärische Optik. Hwb. d. Nw. **1**. — *Fischer, E.*, Das Haar anthropologisch. Hwb. d. Nw. **5**. — *Fischer, O.*, Spektrographische Studien. Braunschweig 1912. — *Formáneck, J.*, Die quantitative Spektralanalyse. Berlin 1905. — *Formáneck-Grandmougin*, Untersuchungen und Nachweis organischer Farbstoffe auf spektroskopischem Wege. Berlin 1911 u. 1913. — *Formáneck-Knop*, Dasselbe, im ultravioletten Gebiet. Berlin 1926. — *Friedenthal, H.*, Tierhaaratlas. Jena 1911. — *Gleichen*, Die Theorie der optischen Instrumente. Stuttgart 1923 — Schule der Optik. — *Goetze, R.*, Spektralröhren. Leipzig 1907. Liste S. — *Goldberg, E.*, Photographie. Hwb. d. Nw. **7**. — *Grimsehl, E.*, Lehrbuch der Physik. Leipzig 1912. — *Haecker, V.*, Weitere phänogenetische Untersuchungen an Farbenrassen. Z. indukt. Abstammgslehre **25** (1921). — *Handovsky*, Leitfaden der Kolloidchemie. Dresden 1922. — *Haugg*, Milchtyp, Pigment und Wachstumsverhältnisse bei einfarbigem Gebirgsvieh. Diss. Technische Hochschule München 1923. — *Hertwig*, Lehrbuch der Zoologie. Jena 1912. — *Hess, C.*, Gesichtssinn. Hwb. d. Nw. **4**. — *Hesse, R.*, Anatomie der Sinnesorgane. **9**. — *Heubner, W.*, Über die Anwendung der photographischen Methode in der Spektrophotometrie. Abderhalden, Lief. 43 (1921). — *Höber, R.*, Physikalische Chemie der Zelle und der Gewebe. Leipzig 1911. — *Hornschuh, W.*, Über die Spektrographie lichtschwacher oder kurzdauernder Leuchterscheinungen. Inaug.Diss. Marburg 1908. — *Hueck, W.*, Pigmentstudien. Jena 1912. — *Hüttig-Keller*, Über die Beziehungen zwischen Kontraktion, Lichtbrechung und Lichtabsorption in wässerigen Salzlösungen. Z. Elektrochem. 8 (1905). — *Julius, W. H.*, Physik der Sonne. Hwb. d. Nw. **7**. — *Kayser, H.*, Handbuch der Spektroskopie. **4**. Leipzig 1912. — *Koch, P. P.*, Über die Zuverlässigkeit der Angaben von Registrierphotometern mit Photozellen. Z. Instrumentenkde 45 (1925). — *Köhler, F.*, Mikrokinematographie und biologische Filmaufnahmen. Abderhalden, Lief. 197. (1926). — *Kohlschütter*, Die Erscheinungsformen der Materie. Leipzig 1917. — *Konen, H.*, Qualitative Spektralanalyse. Hwb. d. Nw. **9**. — *Krüss, H.*, Quantitative Spektralanalyse. Hwb. d. Nw. **9**. — *Lamprecht, H.*, Das Bandenspektrum des Bleies. Z. wiss. Photogr. **10**. — *Landolt-Börnstein*, Physikalisch-chemische Tabellen. — *Lewin* und *Stänger*, Über die spektrographisch nachweisbaren Veränderungen des Blutfarbstoffes durch einige organische und anorganische Gifte. Z. wiss. Photogr. **21**. — *Leupold, E.*, Lipoid-, Glykogen- und Pigmentstoffwechsel. Abderhalden, Lief. 171. (1925). — *Löwe*, Spektroskopische Methoden des Mediziners. Abderhalden, Lief. 205. (1926) — Spektroskopie im Laboratorium und Betriebe. Zeiss-Meß **1922**, 400 — Eine vergessene Methode der qualitativen Spektralanalyse. Z. techn. Physik **12** (1924). — *Lummer, O.*, Abbildungslehre. Hwb. d. Nw. **1** — Lichtbrechung. Hwb. d. Nw. **6** — Optische Instrumente. Hwb. d. Nw. **7**. — *Maurer, F.*, Gewebe. Hwb. d. Nw. **4**. — *Meirowsky, E.*, Über die Entstehung der sog. kongenitalen Mißbildungen der Haut. Arch. f. Dermat. **1919**. — *Müller-Pouillet*, Lehrbuch der Physik und Meteorologie. **2** (1897). — *Ostwald, Wi.*, Die Farbenlehre. 1. Mathematische Farbenlehre. Leipzig 1921. 2. Physikalische Farbenlehre. Leipzig 1919. — *Ostwald-Podestà*, Die Farbenlehre. 4. Physiologische Farbenlehre. Leipzig 1922. — *Pflüger, A.*, Lichtdispersion. Hwb. d. Nw. **6**. — *Pizighelli-Hanneke*, Leitfaden der Photographie. Halle 1919. — *Pohl, R.*, Lichtelektrische Erscheinungen. Hwb. d. Nw. **6**. — *Pütter, A.*, Physiologie der Sinnesorgane. Hwb. d. Nw. **9**. — *Romeis, B.*, Taschenbuch der mikroskopischen Technik. München 1922. — *Šecerov, Sl.*, Licht, Farbe und die Pigmente. Leipzig 1912. — *Simon, H. Th.*, Lichtbogenentladung. Hwb. d. Nw. **6**. — *Spörl, H.*, Die Naturphotographie mit farbempfindlichen Platten (Perutz). München 1922. — *Swensson, T.*, Untersuchungsmethoden biochemisch wichtiger Lichtreaktionen im sichtbaren und ultravioletten Spektralgebiet. Abderhalden, Lief. 197. (1926). — *Schaefer, C.*, Wellenausbreitung und Welleninterferenz. Hwb. d. Nw. **10**. — *Schaefer, K.*, Lichtabsorption. Hwb. d. Nw. **1**. — *Schaum-Wüstenfeld*, Über selektive Absorption und Emission. Z. wiss. Photogr. **21** (1922). — *Schmidt, W. J.*, Über die Methoden mikroskopischer Untersuchung der Farbzellen und Pigmente in der Haut der Wirbeltiere. Z. wiss. Mikrosk. u. mikrosk. Techn. **35** (1918) — Die Bedeutung des polarisierten Lichtes für histologische Untersuchungen. Arch. exper. Zellforschg **2** (1926) — Menschliche Haare im polarisierten Licht. Mikrokosmos **1925/26**. — *Schumm*, Spektrographische Methoden zur Bestimmung des Hämoglobins und verwandter Farbstoffe. Abderhalden, Lief. 43. — *Steche, O.*, Grundriß der Zoologie. Leipzig 1919. — *Steiner-Wourlisch*, Das melanotische Pigment der Haut bei der grauen Hausmaus. Z. Zellforschg **2** (1925). — *Stöhr, Ph.*, Lehrbuch der Histologie. Jena 1919. — *Tappe*, Über die Ursachen der Haarfärbung beim Hausrind. Inaug.-Diss. Göttingen 1920. — *Walter, B.*, Farbe. Hwb. d. Nw. **3**. — *Weidert, F.*, Das Absorptionsspektrum von Didymgläsern. Z. wiss. Photogr. **21** (1922). — *Weigert, F.*, Photochemie. Hwb. d. Nw. **7**. — *Wiedemann-Ebert*, Physikalisches Praktikum. Braunschweig 1914. — *Widmer, H.*, Kritische und experimentelle Studien über die Pigmentierung des Integuments. Arb. dtsch. Ges. Züchtgskde Hannover 1923. — *Wolf-Czapeck*, Angewandte Photographie in Wissenschaft und Technik. Berlin 1911. — *Zeiss*, Meß 260, Mikro 316, Mikro 393.

Abkürzungen: Hwb. d. Nw. = Handwörterbuch der Naturwissenschaften **1** bis **10**. Jena 1913. Abderhalden = Handbuch der biologischen Arbeitsmethoden; herausgeg. von Abderhalden.

Zeitschriften: Jb. Morphol. u. mikrosk. Anat. **1925/26**. Z. wiss. Photogr., Photophysik u. Photochem. **1—22**. Zbl. Hautkrkh. **1925/26**.

Nachträglich eingegangene Literatur: *Duerst*, Beurteilung des Pferdes. Stuttgart 1922 — Entwicklungsmechanische und physiologische Betrachtungen über die Ursachen der Streifen und Fleckzeichnung bei Pferd und Rind. Festschrift für Erwin Zschokke. Zürich 1925. — *Fischer, Hans*, Über Blutfarbstoff und Porphyrine. Die Technische Hochschule München 1927.